Mathematik
Abiturthemen

Saarland

GOS Hauptphase
Pflichtbereich

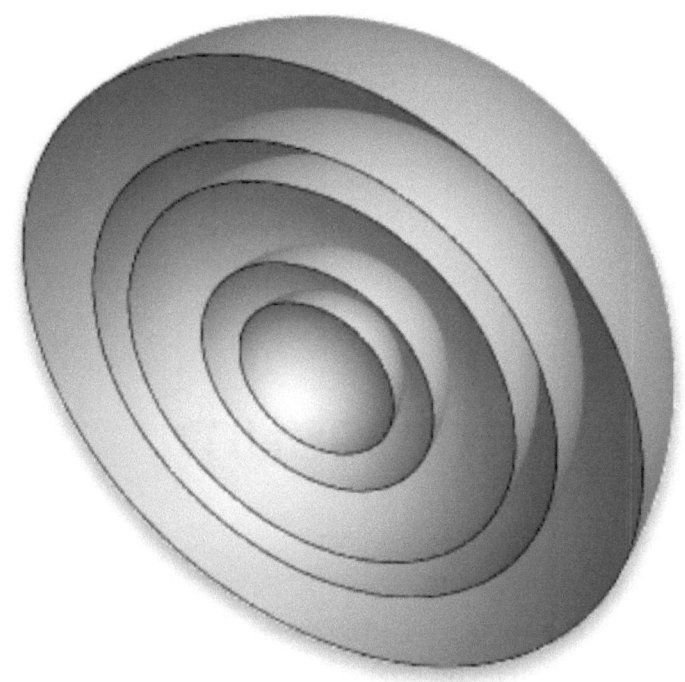

Abiturthemen (Saarland GOS Pflichtbereich)

Kreis und Kugel E 1.Thema
Gebrochenrationale Funktionen G 1.Thema
Vollständige Induktion E 2.Thema
Kreis und Kugel G 2.Thema

Impressum

Bibliografische Information der Deutschen Nationalbibliothek:
Die Deutsche Nationalbibliothek verzeichnet diese Publikation
in der Deutschen Nationalbibliografie; detaillierte bibliografische
Daten sind im Internet über http://dnb.dnb.de abrufbar.

TWENTYSIX – Der Self-Publishing-Verlag
Eine Kooperation zwischen der Verlagsgruppe Random House und
BoD – Books on Demand

© 2016 Dieter Küntzer

Herstellung und Verlag:
BoD – Books on Demand, Norderstedt

ISBN : 978-3-740-7247-88

Inhaltsverzeichnis

Kapitel 1
Kreis

1.1	Kreisgleichungen eines Kreises	2
1.2	Punktprobe	4
1.3	Lagebeziehungen E	11
1.4	Abstände E	24
1.5	Weitere Aufgaben E	31

Kapitel 2
Kugel

2.1	Kugelgleichungen einer Kugel	34
2.2	Punktprobe	36
2.3	Lagebeziehungen	41
2.4	Abstände	53
2.5	Abituraufgabenteile	63
2.6	Fluglinien auf Großkreisen E fakultativ	67
2.7	Spezielle Tangentialebene E fakultativ	79
2.8	Kegelschnitte E fakultativ	83
2.9	Abituraufgabenteile E fakultativ	97
2.10	Vermischte Aufgaben	109

Kapitel 3
Gebrochenrationale Funktionen

3.1	Definition und Bezeichnung	125
3.2	Einfache gebrochenrationale Funktionen	128
3.3	Diskussion gebrochenrationaler Funktionen	147
3.4	Abituraufgabenteile	158

Kapitel 4
Vollständige Induktion E

4.1	Aussagen und Aussageformen	162
4.2	Das Beweisverfahren	166
4.3	Beweis von Summenformeln	170
4.4	Beweis von Ungleichungen	175
4.5	Weitere Anwendungen	176
4.6	Abituraufgabenteile	182

1 Kreis

„Μή μου τοὺς κύκλους τάραττε."
„Störe meine **Kreise** nicht!"

– *Archimedes von Syrakus*

1.1 Kreisgleichungen eines Kreises

1.1.1 Kreisgleichung in Vektorschreibweise

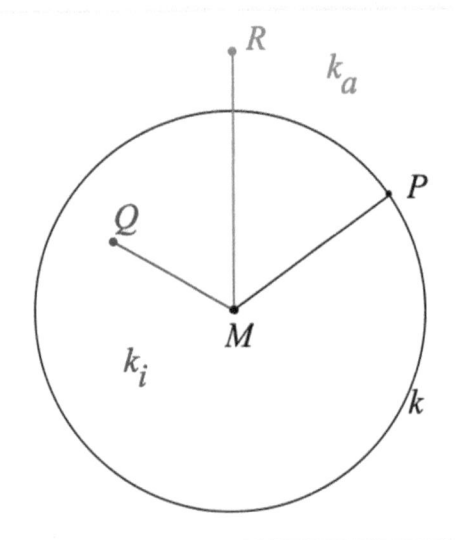
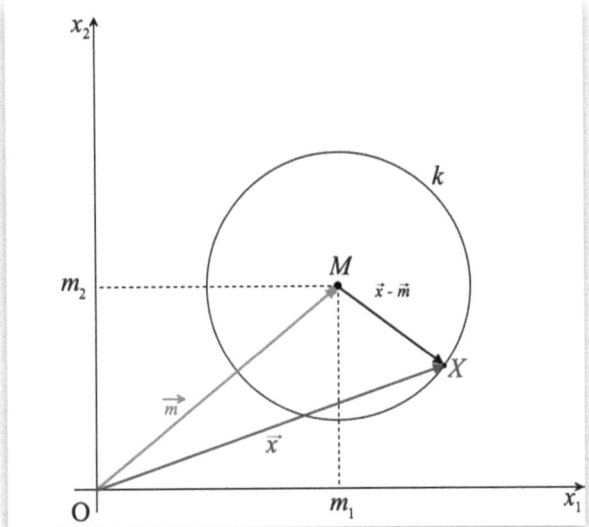

Kreis k
Die Menge aller Punkte P der Ebene, die von einem gegebenen Punkt M denselben Abstand r haben, heißt **Kreis k** mit dem **Mittelpunkt M** und dem **Radius r**.

Bezeichnet man mit X (Ortsvektor $\vec{x}$) einen beliebigen Punkt des Kreises k in einem kartesischen Koordinatensystem, so gilt: $\overrightarrow{MX} = \vec{x} - \vec{m}$. Somit sind alle Punkte X der Ebene mit $\left|\overrightarrow{MX}\right| = \left|\vec{x} - \vec{m}\right| = r$ Punkte des Kreises k. Wegen $\left|\overrightarrow{MX}\right| = r$ ist $\left|\overrightarrow{MX}\right|^2 = r^2$. Nach Definition des Betrages eines Vektors $\vec{a}$ gilt: $\left|\vec{a}\right| = \sqrt{\vec{a} \bullet \vec{a}} \Leftrightarrow \left|\vec{a}\right|^2 = \vec{a}^2$. Daraus folgt die Gleichung für den Kreis k: $\left|\overrightarrow{MX}\right|^2 = \overrightarrow{MX}^2 = \left|\vec{x} - \vec{m}\right|^2 = r^2 \Leftrightarrow \left(\vec{x} - \vec{m}\right)^2 = r^2$.

1 Kreis

Kreisgleichung in Vektorschreibweise

In der Ebene $\mathbb{R}^2$ seien $\vec{m}$ der Ortsvektor des Mittelpunktes M („Mittelpunktsvektor") und $\vec{x}$ der Ortsvektor eines beliebigen Punktes X eines Kreises k mit dem Radius r. Dann gilt:
$$(\vec{x} - \vec{m})^2 = r^2.$$

1.1.2 Kreisgleichung in Koordinatenschreibweise

Mit der für den $\mathbb{R}^2$ (=Ebene) üblichen Koordinatenschreibweise erhält man:

$$\vec{x} = \begin{pmatrix} x_1 \\ x_2 \end{pmatrix} \text{ und } \vec{m} = \begin{pmatrix} m_1 \\ m_2 \end{pmatrix} \Rightarrow \left[\begin{pmatrix} x_1 \\ x_2 \end{pmatrix} - \begin{pmatrix} m_1 \\ m_2 \end{pmatrix}\right]^2 = r^2$$

$$\Leftrightarrow \begin{pmatrix} x_1 - m_1 \\ x_2 - m_2 \end{pmatrix}^2 = \begin{pmatrix} x_1 - m_1 \\ x_2 - m_2 \end{pmatrix} \bullet \begin{pmatrix} x_1 - m_1 \\ x_2 - m_2 \end{pmatrix} = r^2.$$

Durch Ausrechnen des Skalarprodukts auf der linken Seite der Gleichung erhält man:
$$(x_1 - m_1)^2 + (x_2 - m_2)^2 = r^2.$$

Koordinatengleichung eines Kreises

In der Ebene $\mathbb{R}^2$ wird der **Kreis k** mit dem Mittelpunkt $M(m_1|m_2)$ und dem Radius r durch die Gleichung
$$(x_1 - m_1)^2 + (x_2 - m_2)^2 = r^2$$
beschrieben.

Beispiel

Gegeben ist ein Kreis k in der Ebene mit dem Mittelpunkt $M(4|-1)$ und dem Radius 7. Dann lautet seine *Koordinatengleichung*:
$$(x_1 - 4)^2 + (x_2 + 1)^2 = 49 \text{ oder aufgelöst}$$
$$x_1^2 - 8x_1 + x_2^2 + 2x_2 - 32 = 0.$$
Die zugehörige *Vektorgleichung* lautet:
$$\left[\begin{pmatrix} x_1 \\ x_2 \end{pmatrix} - \begin{pmatrix} 4 \\ -1 \end{pmatrix}\right]^2 = 49.$$

1.2 Punktprobe

Ist ein Kreis k (in der Ebene) mit dem Mittelpunkt M und dem Radius r gegeben, so nennt man

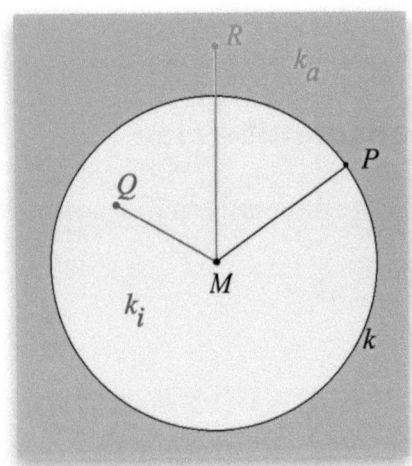

- einen Punkt Q **inneren Punkt** des Kreises k, wenn sein Abstand zum Mittelpunkt M kleiner als der Radius r ist, wenn also

$$\left|\overline{MQ}\right| < r \text{ gilt;} \quad \text{d.h. } Q \in k_i$$

- einen Punkt R **äußeren Punkt** des Kreises k, wenn sein Abstand zum Mittelpunkt M größer als der Radius r ist, wenn also

$$\left|\overline{MR}\right| > r \text{ gilt;} \quad \text{d.h. } R \in k_a$$

Beispiel (Punktprobe)

Betrachtet werden soll noch einmal der Kreis k aus dem Beispiel von Seite 3.
$k: (x_1 - 4)^2 + (x_2 + 1)^2 = 49$ (⊙) mit $M(4|-1)$ und Radius $r = 7$.
Geprüft werden soll die Lage der Punkte $A(-8|4)$, $B(4|6)$, $C(5|3)$ und $D(10| \sqrt{13} - 1) \approx (10|2{,}6)$.

$A(-8|4)$: $\left|\overline{MA}\right| = \sqrt{(-8-4)^2 + (4-(-1))^2} = \sqrt{144 + 25} = \sqrt{169} = 13$

$\left|\overline{MA}\right| = 13 > 7$; also liegt A außerhalb des Kreises in k_a

$B(4|6)$: $\left|\overline{MB}\right| = \sqrt{(4-4)^2 + (6-(-1))^2} = \sqrt{49} = 7 = r \Rightarrow B \in k$

$C(5|3)$: $\left|\overline{MC}\right| = \sqrt{(5-4)^2 + (3-(-1))^2} = \sqrt{1 + 16} = \sqrt{17} \approx 4{,}12$

$\left|\overline{MC}\right| = 4{,}12 < 7$; also liegt C innerhalb des Kreises in k_i

$D(10| \sqrt{13} - 1)$: $\left|\overline{MD}\right| = \sqrt{(10-4)^2 + (\sqrt{13} - 1 - (-1))^2} = \sqrt{36 + 13} = \sqrt{49} = 7$

$\left|\overline{MD}\right| = 7 = r \Rightarrow D \in k$

Die Überprüfung kann auch durch Einsetzen der Punkt-Koordinaten in die Kreisgleichung (⊙) erfolgen (Punktprobe).

1 Kreis

Aufgaben

1. Untersuchen Sie, ob die quadratische Gleichung
$$x_1^2 + x_2^2 - 4x_1 - 2x_2 - 20 = 0$$
einen Kreis in der Ebene beschreibt.
Geben Sie gegebenenfalls Mittelpunkt und Radius an.

2. Gegeben seien drei Kreise k_1, k_2 und k_3 durch ihre Mittelpunkte und Radien:
$k_1 : M_1(0|-3), r_1 = 1$; $k_2 : M_2(\sqrt{2}|2), r_2 = \sqrt{3}$; $k_3 : M_3(0|0), r_3 = 2$
   a) Wie lauten die zugehörigen Kreisgleichungen in Koordinatenform?
   b) Bestimmen Sie die Lage des Punktes $A(0|1)$ bezüglich der drei gegebenen Kreise.

3. Ordnen Sie die Kreisgleichungen den zugehörigen Graphen von Kreisen richtig zu und begründen Sie dies.
   ☞ *Vorschau rechts*
   ☞ *Große Darstellung auf nächster Seite 6.*

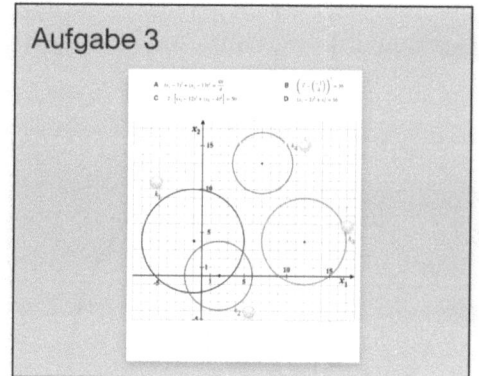

Aufgabe 3

Allgemein gilt für die

Lage eines Punktes bezüglich eines Kreises in der Ebene $\mathbb{R}^2$

Ein Punkt $P(p_1|p_2)$ der Ebene gehört genau dann zu dem Kreis k mit der Gleichung $(x_1 - m_1)^2 + (x_2 - m_2)^2 = r^2$, wenn die Koordinaten des Punktes P die Kreisgleichung erfüllen, d.h. wenn $(p_1 - m_1)^2 + (p_2 - m_2)^2 = r^2$ ist (**Punktprobe**). Gilt dagegen $(p_1 - m_1)^2 + (p_2 - m_2)^2 < r^2$ oder $(p_1 - m_1)^2 + (p_2 - m_2)^2 > r^2$, so liegt $P(p_1|p_2)$ *innerhalb* bzw. *außerhalb* des betrachteten Kreises.

Aufgabe 3

A: $(x_1 - 7)^2 + (x_2 - 13)^2 = \dfrac{49}{4}$

B: $\left(\vec{x} - \begin{pmatrix} -1 \\ 4 \end{pmatrix}\right)^2 = 36$

C: $2 \cdot \left[(x_1 - 12)^2 + (x_2 - 4)^2\right] = 50$

D: $(x_1 - 2)^2 + x_2^2 = 16$

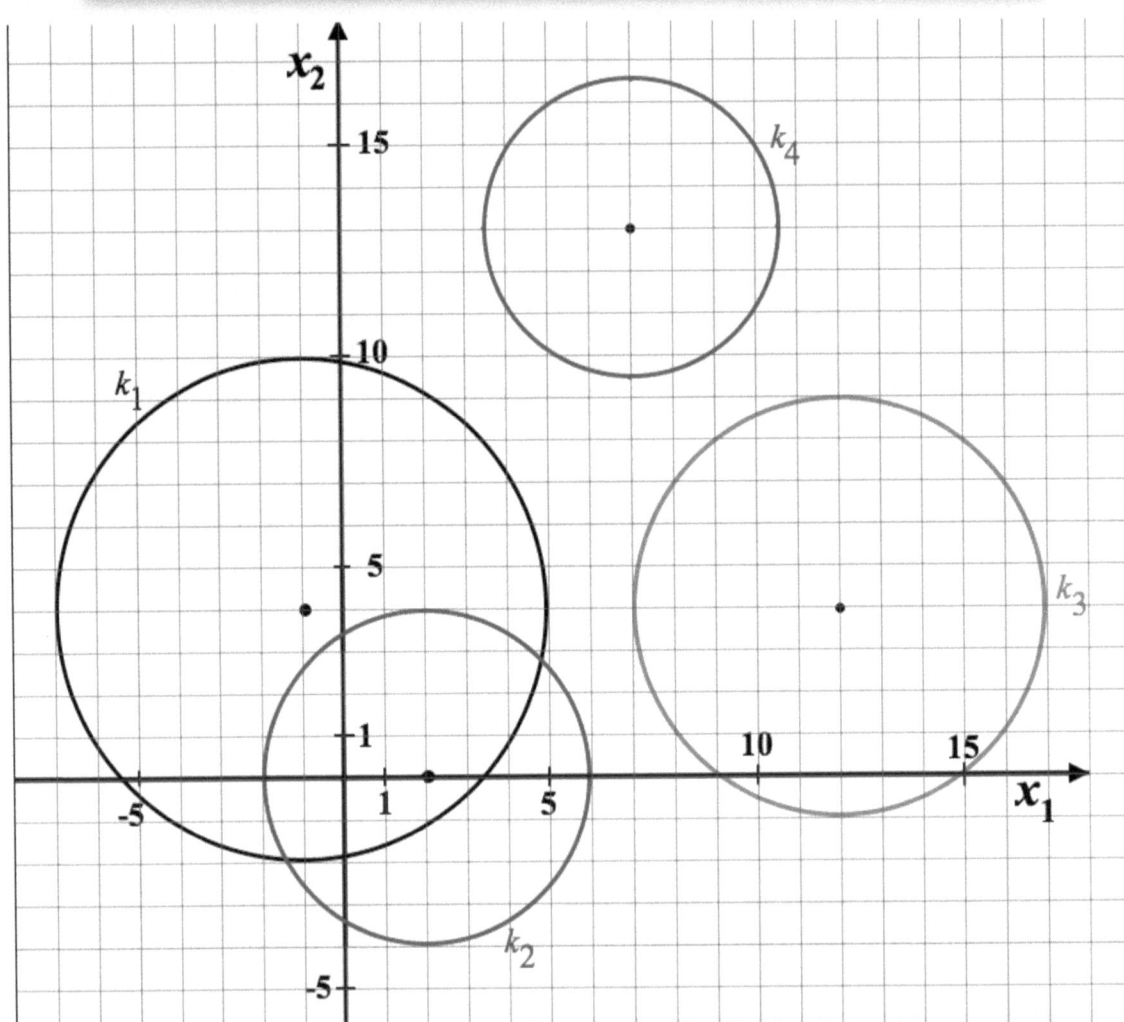

1 Kreis

Kreis durch drei Punkte

Ein Kreis k ist durch drei verschiedene Punkte auf k eindeutig festgelegt. Betrachtet man das Dreieck, das die drei Punkte bilden, so hat das Dreieck einen eindeutigen *Umkreis*, denn der Mittelpunkt des Umkreises ist der Schnittpunkt der Mittelsenkrechten der drei Seiten, und davon gibt es nur jeweils eine.

Aus drei verschiedenen Punkten, die nicht auf einer gemeinsamen Geraden liegen, lässt sich also stets genau ein Kreis finden, auf dem die drei Punkte liegen.

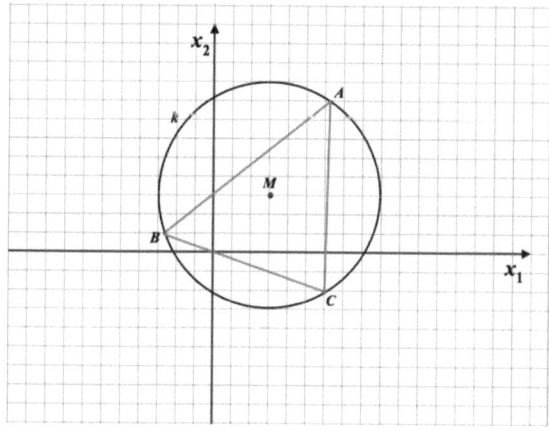
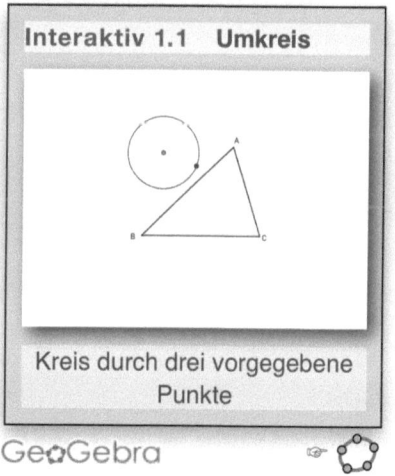

Interaktiv 1.1   Umkreis

Kreis durch drei vorgegebene Punkte

GeoGebra

Es gibt also <u>keinen</u> Kreis durch drei vorgegebene Punkte der Ebene, wenn die drei Punkte auf einer gemeinsamen Geraden liegen.

1 Kreis

Zu drei verschiedenen Punkten, die nicht auf einer gemeinsamen Geraden liegen, lässt sich also stets genau ein Kreis finden, auf dem die drei Punkte liegen. **Zeichnerisch** wurde dieses Problem bereits in der Mittelstufe durch Schnitt der drei Mittelsenkrechten der Seiten des Dreiecks, das die drei Punkte bilden, gelöst. **Rechnerisch** lässt es sich nun ebenfalls lösen.

fakultativ

Herleitung

Gegeben sei ein Kreis $k : (x_1 - m_1)^2 + (x_2 - m_2)^2 = r^2$ in der Ebene $\mathbb{R}^2$.
Äquivalent dazu ist $k : x_1^2 - 2x_1 m_1 + m_1^2 + x_2^2 - 2x_2 m_2 + m_2^2 = r^2$.

Nun soll zu drei gegebenen Punkten der Mittelpunkt und der Radius des zugehörigen Kreises ermittelt werden. Hierzu werden die Terme mit den unbekannten Größen (m_1, m_2 und r) auf die linke Seite und alle anderen Terme auf die rechte Seite gebracht:

$$m_1^2 + m_2^2 - r^2 - 2m_1 x_1 - 2m_2 x_2 = -(x_1^2 + x_2^2).$$

Setzt man nun $A := m_1^2 + m_2^2 - r^2$, $B := 2m_1$ und $C := 2m_2$, so ergibt sich:

$$A + B(-x_1) + C(-x_2) = -(x_1^2 + x_2^2) \quad (\star).$$

Da jeweils drei Zahlen-Paare x_1 und x_2 als Koordinaten der drei gegebenen Punkte und drei Unbekannte (A, B und C) vorliegen, lässt sich ein *lineares Gleichungssystem (LGS)* aufstellen, aus dem man A, B und C ermitteln kann; damit erhält man dann: $m_1 = \dfrac{B}{2}$; $m_2 = \dfrac{C}{2}$; $r^2 = m_1^2 + m_2^2 - A$.

Beispiel

Gesucht werden Mittelpunkt und Radius des Kreises, der durch die Punkte $P(-2|\ 4)$, $Q(1|\ -3)$ und $R(5|\ 7)$ geht.
Aus ($\star$) erhält man durch Einsetzen der Koordinaten der Punkte das *LGS*:

$A + 2B - 4C = -20$ (I)
$A - B + 3C = -10$ (II)
$A - 5B - 7C = -74$ (III)

Mit einem der üblichen Lösungsverfahren erhält man: $A = -16$; $B = 6$ und $C = 4$ sowie $m_1 = \dfrac{B}{2} = 3$; $m_2 = \dfrac{C}{2} = 2$; $r^2 = m_1^2 + m_2^2 - A = 29$.

Der Mittelpunkt des Kreises ist also $M(3|\ 2)$ und sein Radius $r = \sqrt{29} \approx 5{,}4$.

1 Kreis

Aufgaben

4. Geben Sie die Gleichung des Kreises an, der
   a) den Radius 9 und den Mittelpunkt $M(2|8)$,
   b) den Radius $\sqrt{5}$ und den Mittelpunkt $M(0,5|3)$ hat.

5. Gegeben ist der Kreis $k: \vec{x}^2 = 25$.
   Stellen Sie fest, ob die Punkte $A(1|-3)$, $B(-3|4)$, $C(0|5)$, $D(4|4)$ auf dem Kreis, innerhalb oder außerhalb des Kreises liegen.

6. Welche Gleichung hat der Kreis, der durch den Punkt A geht und den Mittelpunkt $M(-1|-3)$ hat?
   a) $A(6|0)$ b) $A(-4|4)$

7. Prüfen Sie, ob es sich bei den folgenden Gleichungen um Kreisgleichungen handelt. Bestimmen Sie gegebenenfalls Mittelpunkt und Radius.
   a) $x_1^2 + x_2^2 - 6x_1 - 8x_2 + 21 = 0$
   b) $x_1^2 + x_2^2 - 8x_2 + 19 = 0$
   c) $x_1^2 + x_2^2 - 10x_1 - 6x_2 - 2 = 0$

8. Ein Kreis k vom Radius $r = 5$ geht durch den Punkt $A(-1|-2)$. Sein Mittelpunkt liegt auf der Geraden
$$g: \vec{x} = \begin{pmatrix} 3 \\ 1 \end{pmatrix} + \lambda \begin{pmatrix} 1 \\ -1 \end{pmatrix}.$$
Führen Sie eine Mittelpunktsbestimmung durch.

In der Aufgabe 8 ergeben sich **zwei** Kreise, deren Mittelpunkte auf einer Geraden g liegen (bitte Skizze dazu anfertigen). - Betrachtet man zum Beispiel den Kreis $k_2: (x_1 - 2)^2 + (x_2 - 2)^2 = 25$, so schneidet dieser Kreis die Gerade in genau zwei Punkten. Ihre Koordinaten sollten ziemlich genau in der Skizze abgelesen werden können. Auf der folgenden Seite soll versucht werden, diese Schnittpunkte rechnerisch zu ermitteln.

1 Kreis

Gegeben sind also ein Kreis und eine Gerade in der Ebene $\mathbb{R}^2$.

$$k: (x_1 - 2)^2 + (x_2 - 2)^2 = 25 \quad \text{und}$$

$$g: \vec{x} = \begin{pmatrix} 3 \\ 1 \end{pmatrix} + \lambda \cdot \begin{pmatrix} 1 \\ -1 \end{pmatrix} = \begin{pmatrix} 3 + \lambda \\ 1 - \lambda \end{pmatrix} = \begin{pmatrix} x_1 \\ x_2 \end{pmatrix}$$

Zu ermitteln sind die gemeinsamen Punkte von k und g.

Es bietet sich hier an, zur Lösung auf ein bekanntes Verfahren, das **Einsetzungsverfahren**, zurückzugreifen:

$k \cap g$: Einsetzen liefert:

$$(3 + \lambda - 2)^2 + (1 - \lambda - 2)^2 = 25$$
$$\Leftrightarrow (\lambda + 1)^2 + (-\lambda - 1)^2 = 25$$
$$\Leftrightarrow (\lambda + 1)^2 + (-(\lambda + 1))^2 = 25$$
$$\Leftrightarrow 2 \cdot (\lambda + 1)^2 = 25$$
$$\Leftrightarrow (\lambda + 1)^2 = \frac{25}{2} = \frac{25 \cdot 2}{4}$$
$$\Leftrightarrow \lambda + 1 = \pm \frac{5}{2}\sqrt{2} \quad \Rightarrow \quad \lambda_1 = \frac{5}{2}\sqrt{2} - 1 \quad ; \quad \lambda_2 = -\frac{5}{2}\sqrt{2} - 1$$
$$\Rightarrow \quad \lambda_1 \approx 2{,}5 \quad ; \quad \lambda_2 \approx -4{,}5$$

Daraus ergeben sich durch Einsetzen der λ-Werte in die Geradengleichung die Schnittpunkte

$$S_1(5{,}5 | -1{,}5) \qquad S_2(-1{,}5 | 5{,}5)$$

Eine Überprüfung im Bild (Skizze anfertigen zur Aufgabe 8 auf Seite 9) bestätigt die rechnerische Vorgehensweise.

❏

1.3 Lagebeziehungen E

1.3.1 Lagebeziehung von Kreis und Gerade

Ein Kreis und eine Gerade haben *keinen* gemeinsamen Punkt oder *genau einen* gemeinsamen Punkt oder *genau zwei* gemeinsame Punkte.

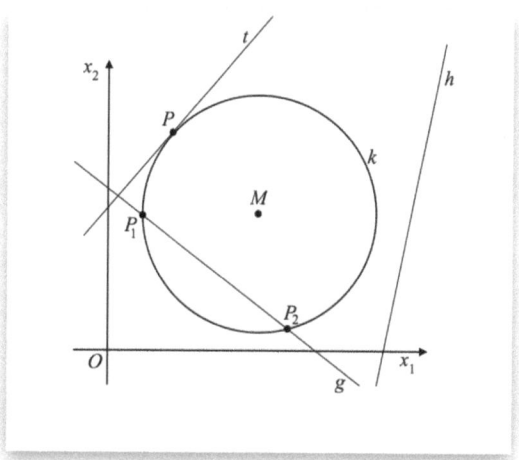

Wenn eine Gerade t und ein Kreis k genau einen Punkt P gemeinsam haben, dann heißt die Gerade t die **Tangente an k im** (Berühr-)**Punkt P**. Eine Gerade g, die mit k genau zwei verschiedene Punkte gemeinsam hat, nennt man **Sekante** von k; eine Gerade h, die mit k keinen Punkt gemeinsam hat, heißt **Passante**.

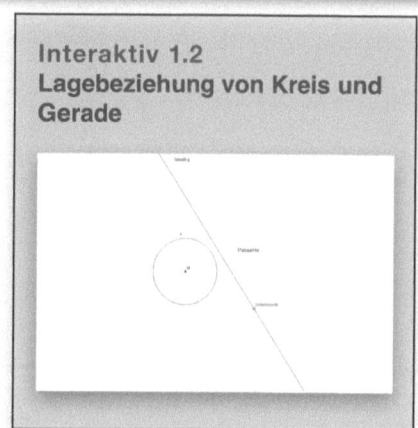

Interaktiv 1.2
Lagebeziehung von Kreis und Gerade

Für die Lage einer Geraden zu einem Kreis gibt es also drei Möglichkeiten. So kann eine Gerade einen Kreis meiden, berühren oder schneiden. Welche der drei Lagemöglichkeiten im konkreten Fall vorliegt, kann man rechnerisch untersuchen, indem man die zugehörigen Gleichungen von Kreis und Gerade als ein Gleichungssystem mit zwei Unbekannten auffasst und dieses löst. Leider ist das zu lösende Gleichungssystem kein lineares.

Beispiel: **Schnitt von Gerade und Kreis**

Es ist die gegenseitige Lage der Geraden

$$g: x_2 = -\frac{1}{2}x_1 + 1 \quad (g: y = -\frac{1}{2}x + 1) \quad \text{und des Kreises}$$

$$k: (x_1 - 3)^2 + (x_2 - 2)^2 = 6{,}25 \quad \text{zu untersuchen.}$$

$S(x_1|x_2)$ sei ein eventuell vorhandener, gemeinsamer Punkt von g und k. Das zugehörige Gleichungssystem lautet dann:

(I) $\quad x_2 = -\frac{1}{2}x_1 + 1$

(II) $\quad (x_1 - 3)^2 + (x_2 - 2)^2 = 6{,}25$

(I) in (II) eingesetzt liefert:

$$(x_1 - 3)^2 + (-\frac{1}{2}x_1 + 1 - 2)^2 = 6{,}25$$

$$\Leftrightarrow (x_1 - 3)^2 + (-\frac{1}{2}x_1 - 1)^2 = 6{,}25$$

$$\Leftrightarrow x_1^2 - 4x_1 + 3 = 0 \quad \Leftrightarrow (x_1 - 1) \cdot (x_1 - 3) = 0$$

$$\Leftrightarrow x_1 = 1 \lor x_1 = 3$$

Durch Einsetzen der Werte von x_1 in (I) erhält man: $x_2 = \frac{1}{2}$ bzw. $x_2 = -\frac{1}{2}$

Kreis k und Gerade g schneiden sich also in den beiden Punkten:

$S_1(1|\frac{1}{2})$ und $S_2(3|-\frac{1}{2})$

Die Gerade g ist also eine **Sekante** des Kreises k.

1 Kreis

Tangente an einen Kreis durch einen Punkt auf dem Kreis

Um die Gleichung der Tangente t an einen Kreis k im Kreispunkt B zu bestimmen, soll nun eine vektorielle Vorgehensweise den Vorzug bekommen.

Hat der Kreis k den Mittelpunkt M und den Radius r, dann gilt für alle Punkte X der Tangente t die Gleichung $\overrightarrow{BX} \bullet \overrightarrow{MB} = 0$, da diese zwei Vektoren aufeinander senkrecht stehen.

Äquivalent dazu wäre: $\qquad (\vec{x} - \vec{b}) \bullet (\vec{b} - \vec{m}) = 0$

Damit hat man bereits eine *Gleichung der Tangente t* in einem Kreispunkt B an den Kreis. Daraus ergibt sich eine Gleichung in Koordinatenschreibweise, wenn man die darin vorkommenden Vektoren mit deren Koordinaten einsetzt:

Aus
$$\left[\begin{pmatrix}x_1\\x_2\end{pmatrix} - \begin{pmatrix}b_1\\b_2\end{pmatrix}\right] \bullet \left[\begin{pmatrix}b_1\\b_2\end{pmatrix} - \begin{pmatrix}m_1\\m_2\end{pmatrix}\right] = 0 \quad \text{folgt}$$

$$\left[\begin{pmatrix}x_1 - b_1\\x_2 - b_2\end{pmatrix}\right] \bullet \left[\begin{pmatrix}b_1 - m_1\\b_2 - m_2\end{pmatrix}\right] = 0 \text{ , also (Skalarprodukt ergibt)}$$

$$t: (x_1 - b_1) \cdot (b_1 - m_1) + (x_2 - b_2) \cdot (b_2 - m_2) = 0$$

Dies ist bereits eine Gleichung von t in Koordinatenschreibweise. Es ist geschickt, wenn man auf beiden Seiten der Gleichung den folgenden Term addiert: $\qquad r^2 = (b_1 - m_1)^2 + (b_2 - m_2)^2 \qquad$ (denn $B(b_1|b_2) \in k$):

$$t: (x_1 - b_1) \cdot (b_1 - m_1) + (x_2 - b_2) \cdot (b_2 - m_2) + (b_1 - m_1)^2 + (b_2 - m_2)^2 = r^2 ;$$

Ausklammern ergibt diese Gleichung:

$$t: (b_1 - m_1) \cdot [(x_1 - b_1) + (b_1 - m_1)] + (b_2 - m_2) \cdot [(x_2 - b_2) + (b_2 - m_2)] = r^2 \Leftrightarrow$$

$$t: (b_1 - m_1) \cdot (x_1 - m_1) + (b_2 - m_2) \cdot (x_2 - m_2) = r^2$$

(Koordinatenform) bzw.

$$t: (\vec{b} - \vec{m}) \bullet (\vec{x} - \vec{m}) = r^2 \qquad \text{(Vektorform)}$$

Anmerkung: Die Tangente in jedem Punkt eines Kreises ist eindeutig bestimmt.

1 Kreis

Gleichungen einer Kreistangente

Ist k ein Kreis mit dem Mittelpunkt $M(m_1|m_2)$ und dem Radius r sowie $B(b_1|b_2)$ ein Kreispunkt von k, dann ist

$$t:\ (\vec{b} - \vec{m}) \bullet (\vec{x} - \vec{m}) = r^2 \quad \text{und}$$
$$t:\ (b_1 - m_1) \cdot (x_1 - m_1) + (b_2 - m_2) \cdot (x_2 - m_2) = r^2$$

eine Gleichung der **Tangente t an den Kreis k im Punkt $B \in k$** in *vektorieller Schreibweise* bzw. in *Koordinatenschreibweise*.

Aufgaben

9. Zeigen Sie, dass die oben genannte Tangentengleichung in Vektorform äquivalent ist zur genannten Tangentengleichung in Koordinatenform.

10. Gegeben seien der Kreis $k: (x_1 - 3)^2 + (x_2 - 2)^2 = 6{,}25$ sowie die Punkte $A(5|3{,}5)$, $B(3|-0{,}5)$ und $C(5{,}5|2)$ von k. Bestimmen Sie die jeweils zugehörige Tangentengleichung!

11. Wie lautet die Gleichung der Tangente in $B(4|b_2 < 0)$ an den Kreis $k: \vec{x}^2 = 25$?

12. Prüfen Sie, ob die Gerade g eine Tangente für den Kreis k ist.

   a) $g: \begin{pmatrix} 2 \\ 1 \end{pmatrix} \bullet \vec{x} - 10 = 0 \qquad k: \vec{x}^2 = 20$

   b) $g: \begin{pmatrix} -2 \\ 3 \end{pmatrix} \bullet \vec{x} - 20 = 0 \qquad k: \vec{x}^2 = 10$

   c) $g: \begin{pmatrix} -1 \\ 1 \end{pmatrix} \bullet \vec{x} - 12 = 0 \qquad k: \vec{x}^2 = 72$

1 Kreis

Tangente an einen Kreis durch einen Punkt außerhalb des Kreises

Ist k ein Kreis mit dem Mittelpunkt $M(m_1|m_2)$ und dem Radius r sowie $P(p_1|p_2)$ ein Punkt *außerhalb* von k, genauer von k_a, dann gilt:

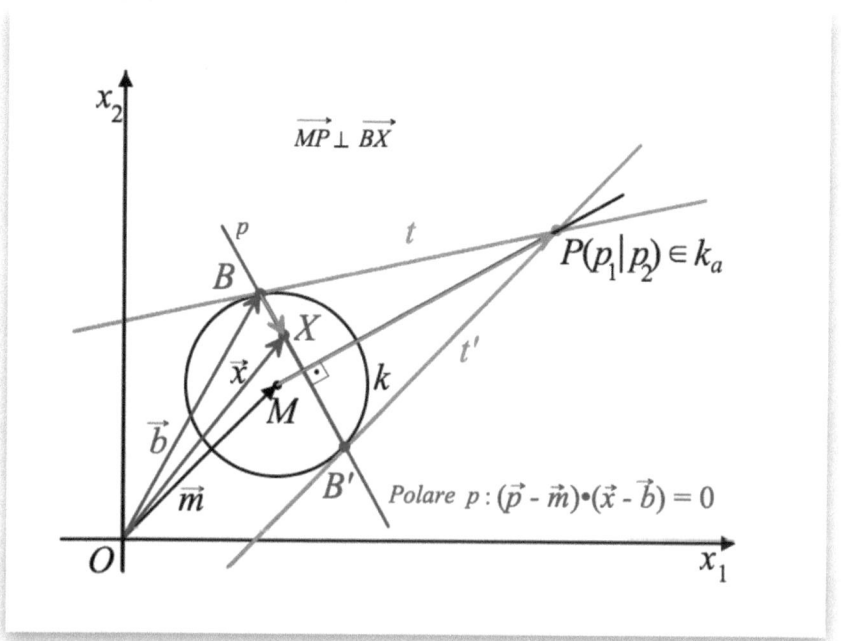

Zieht man von einem Punkt $P(p_1|p_2)$ mit dem Ortsvektor $\vec{p}$ außerhalb eines Kreises $k: (\vec{x} - \vec{m})^2 = r^2$ mit dem Mittelpunkt $M(m_1|m_2)$ und dem Radius r die zwei Tangenten t und t' an den Kreis, so nennt man die Gerade p durch die beiden Berührpunkte B und B' auf k die **Polare p des Punktes P**. (Der Punkt P wird auch **Pol** genannt.)

Der Vektor $\overrightarrow{MP} = \vec{p} - \vec{m}$ steht senkrecht auf dem Vektor $\overrightarrow{BX} = \vec{x} - \vec{b}$.
Also gilt: $\qquad (\vec{x} - \vec{b}) \bullet (\vec{p} - \vec{m}) = 0$
Dies ist die **Gleichung der Polaren p**, da X mit Ortsvektor $\vec{x}$ auf p liegt.

Nähert sich der Pol P „seinem" Kreis, dann kommt ihm seine Polare p entgegen. Im Grenzfall wird der Pol P zum Berührpunkt auf dem Kreis, die Polare zur Tangente. Dann wird auch die Polarengleichung zur Tangentengleichung. Diese Übereinstimmung der Gleichungen besteht auch für Punkte (Pole) P außerhalb des Kreises k (also in k_a).

Damit erhält man für die Polare p von P zu dem Kreis k die analoge Geichung durch geschickte Umformung, wie auf den Seiten 12/13 bereits gezeigt.

$$p: (\vec{p} - \vec{m}) \bullet (\vec{x} - \vec{m}) = r^2 \qquad \textbf{Gleichung der Polaren } p \textbf{ in Vektorform}$$

$$p: (p_1 - m_1) \cdot (x_1 - m_1) + (p_2 - m_2) \cdot (x_2 - m_2) = r^2$$
Gleichung der Polaren p in Koordinatenform

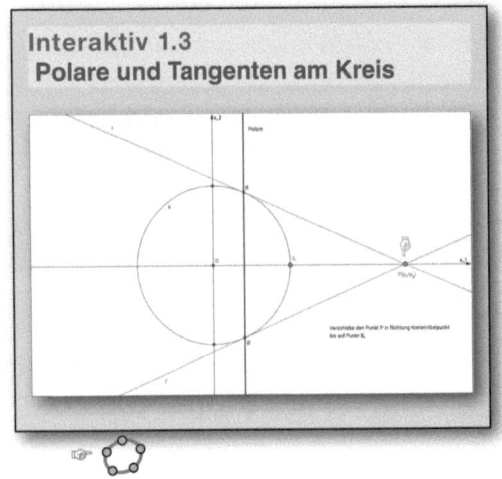

Interaktiv 1.3
Polare und Tangenten am Kreis

Man erhält beide Berührpunkte B und B', indem man die Polare p mit dem Kreis k zum Schnitt bringt.

$$p \cap k = \{B, B'\}$$

Die Gleichungen der beiden Tangenten t und t' ergeben sich sodann, indem man in eine der bekannten Tangentengleichungen die Vektoren $\vec{b}$ und $\vec{b'}$ der Berührpunkte B und B' (bzw. deren Koordinaten) einsetzt.

$$t: (\vec{b} - \vec{m}) \bullet (\vec{x} - \vec{m}) = r^2$$
$$t': (\vec{b'} - \vec{m}) \bullet (\vec{x} - \vec{m}) = r^2.$$

1 Kreis

Beispiel Tangenten an einen Kreis von P außerhalb des Kreises

Es sollen vom Punkt $P(1|7)$ an den Kreis $k: \vec{x}^2 = 25$ mit Mittelpunkt $M(0|0)$ und dem Radius $r = 5$ die beiden Tangenten gezogen werden.

$k : \vec{x}^2 = x_1^2 + x_2^2 = 25$

$P \notin k$, da $1^2 + 7^2 = 50 > 25$, d.h. $P \in k_a$

1. Gleichung der Polaren $p: (\vec{p} - \vec{m}) \bullet (\vec{x} - \vec{m}) = r^2$ aufstellen:

$$p: \left(\begin{pmatrix}1\\7\end{pmatrix} - \begin{pmatrix}0\\0\end{pmatrix}\right) \bullet \left(\begin{pmatrix}x_1\\x_2\end{pmatrix} - \begin{pmatrix}0\\0\end{pmatrix}\right) = 5^2 \Leftrightarrow$$

$$p: \begin{pmatrix}1\\7\end{pmatrix} \bullet \begin{pmatrix}x_1\\x_2\end{pmatrix} = 25 \Leftrightarrow x_1 + 7x_2 = 25$$

2. Schnitt der Polaren p mit dem Kreis k:

$p \cap k:$ $k : x_1^2 + x_2^2 = 25$ **(1)**

 $p : x_1 + 7x_2 = 25$ **(2)**

Aus **(2)** ergibt sich $x_1 = 25 - 7x_2$ **(3)**

(3) in (1) eingesetzt: $(25 - 7x_2)^2 + x_2^2 = 25$

$\Leftrightarrow 625 - 350x_2 + 49x_2^2 + x_2^2 = 25$

$\Leftrightarrow 600 - 350x_2 + 50x_2^2 = 0 \quad |:50$

$\Leftrightarrow x_2^2 - 7x_2 + 12 = 0 \Leftrightarrow \underbrace{(x_2 - 4) \cdot (x_2 - 3) = 0}_{\text{Faktorisierung oder mit pq-Formel}}$

$\Leftrightarrow x_2 = 4 \quad \vee \quad x_2 = 3$ in (3) eingesetzt erhält man

$\Leftrightarrow x_1 = -3 \quad \vee \quad x_1 = 4 \Rightarrow B(-3|4)$ und $B'(4|3)$

3. Gleichungen der beiden Tangenten von P aus aufstellen:

$t: \begin{pmatrix}-3\\4\end{pmatrix} \bullet \vec{x} = 25 \Leftrightarrow -3x_1 + 4x_2 = 25 \Leftrightarrow x_2 = \dfrac{3}{4}x_1 + \dfrac{25}{4}$

$t': \begin{pmatrix}4\\3\end{pmatrix} \bullet \vec{x} = 25 \Leftrightarrow 4x_1 + 3x_2 = 25 \Leftrightarrow x_2 = -\dfrac{4}{3}x_1 + \dfrac{25}{3}$

1 Kreis

Aufgaben

13. Wie lauten die Gleichungen der zwei Tangenten vom Punkt $P(7|-17)$ aus an den Kreis $k: x_1^2 + x_2^2 = 169$?

14. Bestimmen Sie die Berührpunkte B und B' der von $P(p_1|p_2)$ ausgehenden Tangenten an den Kreis um M mit dem Radius r.

    a) $M(-2|6)$, $r = 5$, $P(3|-4)$

    b) $M(5|-2)$, $r = 5$, $P(12|-1)$

    Geben Sie in b) auch die Gleichungen der beiden von P ausgehenden Tangenten an.

15. Fig. 1

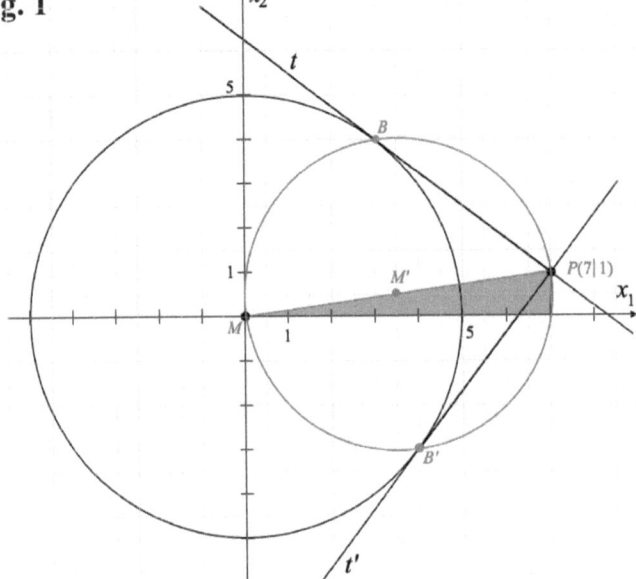

Tangenten von einem Punkt P außerhalb eines Kreises konstruiert man mit Hilfe des *Thaleskreises* über der Strecke $\overline{MP}$.

Lösen Sie diese Aufgabe nun **rechnerisch** für den Kreis k um den Ursprung mit dem Radius 5 und $P(7|1)$. (Siehe Fig. 1). Ermitteln Sie dazu die Kreisgleichung k' des THALES-Kreises über der Strecke $\overline{MP}$, indem Sie zunächst dessen Mittelpunkt M' sowie seinen Radius r' bestimmen.

Berechnen Sie die Schnittpunkte von k und k' und damit die Berührpunkte der gesuchten Tangenten an den Kreis.

Wie lauten die Gleichungen der Tangenten?

1.3.2 Lagebeziehung von Kreis und Kreis

In Aufgabe 15 (mit der Fig. 1) der vorherigen Seite 17 wurden zwei Kreise k und k' betrachtet, die sich in genau zwei Punkten schneiden.
Allgemein gilt für die Lagebeziehungen von Kreisen:

> Zwei voneinander verschiedene Kreise haben *keinen* gemeinsamen Punkt oder *genau einen* gemeinsamen Punkt oder *genau zwei* gemeinsame Punkte.

Welche der drei Lagemöglichkeiten im konkreten Falle vorliegt, kann man rechnerisch untersuchen, indem man die zugehörigen Kreisgleichungen auffasst als Gleichungssystem mit zwei Variablen. Dieses (leider nicht lineare) System kann man dennoch lösen, wie das folgende Beispiel zeigen wird.

Beispiel Lagebeziehungen von Kreisen

Es sind die Lagebeziehungen der Kreise k_1: $x_1^2 + (x_2 - 3)^2 = 1$, k_2: $x_1^2 + x_2^2 = 4$ *und* k_3: $(x_1 - 3)^2 + x_2^2 = 7$ *zu untersuchen.*

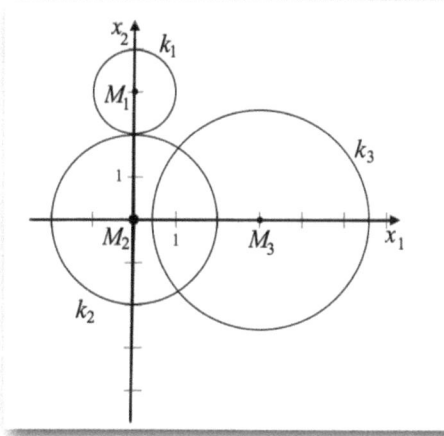

ⓐ **Lage von k_1 zu k_2:**

Haben diese zwei Kreise einen Punkt $P_s(s_1|s_2)$ gemeinsam, so müssen die Koordinaten von P_s ihre Kreisgleichungen erfüllen:

Gleichungssystem

$$\begin{cases} s_1^2 + (s_2 - 3)^2 = 1 & \text{(I)} \\ s_1^2 + s_2^2 = 4 & \text{(II)} \end{cases}$$

Aus (I) folgt $s_1^2 = 1 - (s_2 - 3)^2$. (I') in (II) liefert: $1 - (s_2 - 3)^2 + s_2^2 = 4$.
$1 - \cancel{s_2^2} + 6s_2 - 9 + \cancel{s_2^2} = 4 \Leftrightarrow 6s_2 = 12 \Leftrightarrow s_2 = 2 \, ; \, s_1 = 0$.
k_1 und k_2 haben genau einen Punkt $P_s(0|2)$ gemeinsam; die Kreise k_1 und k_2 **berühren einander** in $P_s(0|2)$.

ⓑ Lage von k_2 und k_3:

Das zugehörige *Gleichungssystem* für die Schnittmenge $k_2 \cap k_3$ lautet:

$$\begin{cases} s_1^2 + s_2^2 = 4 & \text{(I)} \\ (s_1 - 3)^2 + s_2^2 = 7 & \text{(II)} \end{cases}$$

Aus (I) folgt: $s_2^2 = 4 - s_1^2$, dies eingesetzt in (II): $(s_1 - 3)^2 + 4 - s_1^2 = 7$
$\Leftrightarrow \cancel{s_1^2} - 6s_1 + 9 + 4 - \cancel{s_1^2} = 7 \Leftrightarrow 6s_1 = 6 \Leftrightarrow s_1 = 1$

$s_1 = 1$ eingesetzt z.B in (I) ergibt : $s_2^2 = 4 - 1 = 3$ und die Lösung(en):

$$s_2 = \sqrt{3} \quad \text{und} \quad s_2' = -\sqrt{3}$$

Da sowohl $S(1|\sqrt{3})$ als auch $S'(1|-\sqrt{3})$ mit ihren Koordinaten beide Kreisgleichungen erfüllen, haben die beiden Kreise k_2 und k_3 **zwei gemeinsame (Schnitt-)Punkte**.

ⓒ Lage von k_1 und k_3:

Hier ergibt sich als *Gleichungssystem* für die Schnittmenge $k_1 \cap k_3$:

$$\begin{cases} s_1^2 + (s_2 - 3)^2 = 1 & \text{(I)} \\ (s_1 - 3)^2 + s_2^2 = 7 & \text{(II)} \end{cases}$$

Zur Lösung werden die Klammern in (I) und (II) aufgelöst:

$$\begin{cases} s_1^2 + s_2^2 - 6s_2 + 9 = 1 & \text{(I)} \\ s_1^2 - 6s_1 + 9 + s_2^2 = 7 & \text{(II)} \end{cases}$$

Subtrahiert man nun (I)-(II), so folgt : $-6s_2 + \cancel{9} + 6s_1 - \cancel{9} = -6 \;|:(-6)$
$\Leftrightarrow s_2 - s_1 = 1$, also $\Leftrightarrow s_2 = s_1 + 1$

Setzt man diesen Term nun in z.B. (I) ein, so folgt:

$$s_1^2 + (s_1 + 1 - 3)^2 = 1 \Leftrightarrow 2s_1^2 - 4s_1 + 3 = 0 \Leftrightarrow s_1^2 - 2s_1 + 1{,}5 = 0$$

Lösungsversuch mit der *pq-Formel* oder mit *quadratischer Ergänzung*:

$$s_1 = 1 \pm \underbrace{\sqrt{1 - 1{,}5}}_{\text{Radikand } (1-1{,}5) < 0}, \quad \text{d.h. es gibt keine reelle Lösung; } k_1 \text{ und } k_3$$

haben **keinen gemeinsamen Punkt**.

1 Kreis

Allgemein lassen sich die Bedingungen für die **Lagebeziehung zweier Kreise** k_1 und k_2 mit den Mittelpunkten M_1 und M_2 und den Radien r_1 bzw. r_2 auch so formulieren:

- Ist $\left|\overline{M_1M_2}\right| > r_1 + r_2$ oder $0 \leq \left|\overline{M_1M_2}\right| < \left|r_1 - r_2\right|$,
  so besitzen k_1 und k_2 **keinen gemeinsamen Punkt**.

- Ist $\left|\overline{M_1M_2}\right| = r_1 + r_2$ oder $0 < \left|\overline{M_1M_2}\right| = \left|r_1 - r_2\right|$,
  so **berühren** k_1 und k_2 **einander**.

- Ist $\left|r_1 - r_2\right| < \left|\overline{M_1M_2}\right| < r_1 + r_2$, so **schneiden** k_1 und k_2 **einander in zwei Punkten**.

- Ist $0 = \left|\overline{M_1M_2}\right| = r_1 - r_2$, also gleiche Mittelpunkte und gleiche Radien, so haben k_1 und k_2 **alle Punkte gemeinsam, sie sind identisch**.

Aufgaben

16. Beweisen Sie, dass der Kreis $k: \vec{x}^2 - 25 = 0$ die beiden Kreise
$k': 2\vec{x}^2 + \begin{pmatrix} -4 \\ -3 \end{pmatrix} \bullet \vec{x} - 25 = 0$ und $k'': \vec{x}^2 - \begin{pmatrix} 12 \\ 9 \end{pmatrix} \bullet \vec{x} + 50 = 0$
berührt.
Bestimmen Sie dazu zuerst für jeden Kreis eine *Koordinatengleichung* mit Angabe der zugehörigen Mittelpunkte und Radien.

Aufgaben

Produktivität „Zahnräder"

17. Welche Lagen haben die folgenden Kreise gegeneinander? Falls möglich, berechnen Sie gemeinsame Punkte.

a) $\vec{x}^2 = 16$ und $\left(\vec{x} - \begin{pmatrix} 5 \\ -4 \end{pmatrix}\right)^2 = 4$

b) $\vec{x}^2 + \begin{pmatrix} -4 \\ -3 \end{pmatrix} \cdot \vec{x} = 50$ und $\vec{x}^2 + \begin{pmatrix} -24 \\ -18 \end{pmatrix} \cdot \vec{x} + 125 = 0$

c) $\left(\vec{x} - \begin{pmatrix} -6 \\ 1 \end{pmatrix}\right)^2 = 25$ und $\left(\vec{x} - \begin{pmatrix} 4 \\ -6{,}5 \end{pmatrix}\right)^2 = 7{,}5^2$

d) $2\vec{x}^2 + \begin{pmatrix} -13 \\ 28 \end{pmatrix} \cdot \vec{x} + 83 = 0$ und $\vec{x}^2 + \begin{pmatrix} 16 \\ 2 \end{pmatrix} \cdot \vec{x} - 224 = 0$

Produktivität „Zahnräder"

18. Unter welchem Winkel schneiden sich die Kreise

$k: \left(\vec{x} - \begin{pmatrix} 1 \\ 1 \end{pmatrix}\right)^2 = 17$ und $k': \left(\vec{x} - \begin{pmatrix} 4 \\ -2 \end{pmatrix}\right)^2 = 17$?

Fertigen Sie dazu eine Zeichnung an, in der die Kreise mit Mittelpunkten und Radien, Schnittpunkten S_1 und S_2 sowie die folgenden Vektoren $\overrightarrow{MS_1} = \vec{s_1} - \vec{m}$ und $\overrightarrow{M'S_1} = \vec{s_1} - \vec{m'}$ einzuzeichnen sind. Lösen Sie dann die Aufgabe rechnerisch.

„Kreisverkehr"

1 Kreis

Kreise allerorten

Holzrad

Produktivität „Zahnräder"

„Modern Times" mit **Charlie Chaplin**

Jahresringe einer Fichte

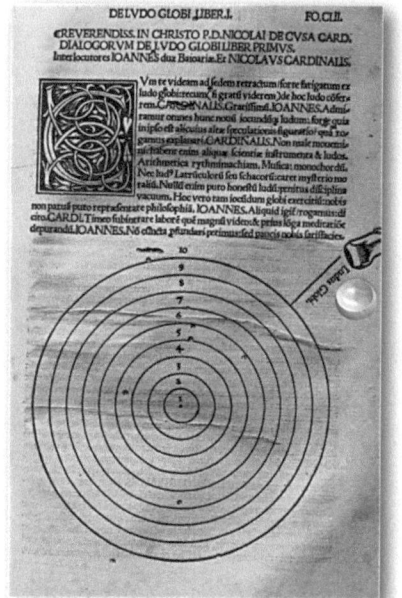
1514: „De Ludo Globi", Globusspiel von **Nikolaus von Kues** *(1401-1464)*

Produktivität „Zahnräder"

23

1.4 Abstände E

1.4.1 Abstand Punkt - Mittelpunkt des Kreises

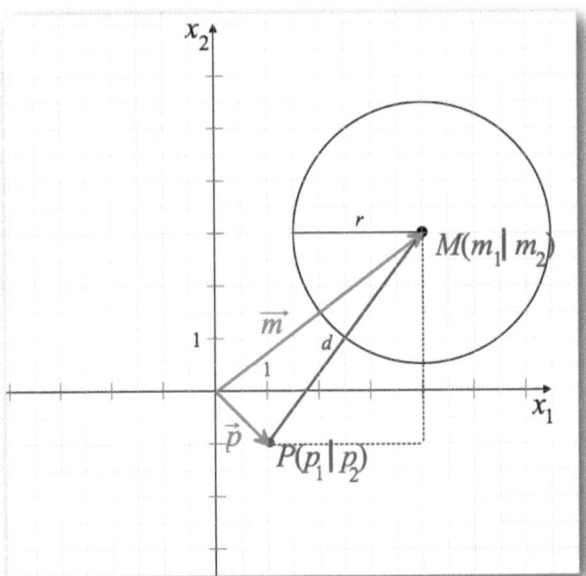

Für die Berechnung des **Abstandes eines beliebigen Punktes** $P(p_1|p_2)$ **der Ebene** $\mathbb{R}^2$ **von dem Mittelpunkt** $M(m_1|m_2)$ **eines Kreises** k mit dem Radius r gilt die bekannte Abstandsformel:

$$d = d(P;M) = \left|\overrightarrow{PM}\right| = \left|\vec{m} - \vec{p}\right| = \sqrt{(m_1 - p_1)^2 + (m_2 - p_2)^2}$$

Beispiel Abstand Punkt - Kreismittelpunkt

Gegeben sind ein Kreis $k: \left(\vec{x} - \begin{pmatrix} 4 \\ 3 \end{pmatrix}\right)^2 = 2{,}5^2$ sowie der Punkt $P(1|-1)$.

Dann errechnet sich der Abstand $d = d(P;M)$ wie folgt:

$$d = \sqrt{(4-1)^2 + (3-(-1))^2} = \sqrt{9 + 16} = \sqrt{25} = 5 \text{ (LE)}.$$

1.4.2 Abstand Punkt - Kreis

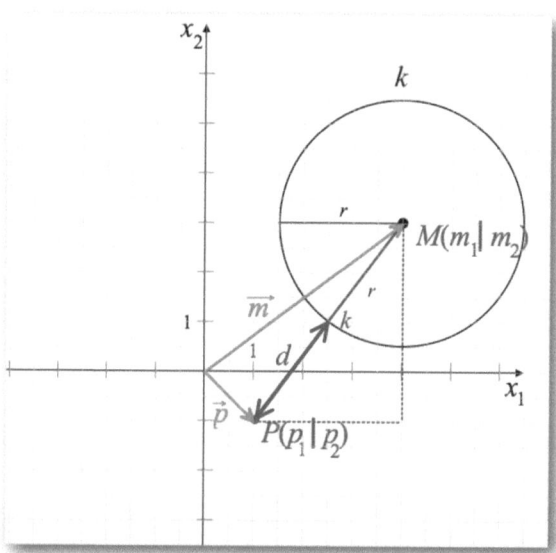

Für die Berechnung des **Abstandes eines beliebigen Punktes** $P(p_1|p_2)$ **der Ebene** $\mathbb{R}^2$ **von dem Kreis** k mit dem Mittelpunkt $M(m_1|m_2)$ und dem Radius r gilt die Abstandsformel:

$$d = d(P;k) = \left|\overrightarrow{PM}\right| - r = \left|\vec{m} - \vec{p}\right| - r = \sqrt{(m_1 - p_1)^2 + (m_2 - p_2)^2} - r$$

Für das Beispiel von 1.4.1 lässt sich damit der Abstand von P zum Kreis k berechnen:

Beispiel   Abstand Punkt - Kreis

Gegeben sind ein Kreis $k: \left(\vec{x} - \begin{pmatrix} 4 \\ 3 \end{pmatrix}\right)^2 = 2{,}5^2$ sowie der Punkt $P(1|-1)$.

Dann errechnet sich der Abstand $d = d(P;k)$ wie folgt:

$d = \sqrt{(4-1)^2 + (3-(-1))^2} - 2{,}5 = \sqrt{9+16} - 2{,}5 = 5 - 2{,}5 = 2{,}5$ (LE).

1.4.3 Abstand Gerade - Kreis

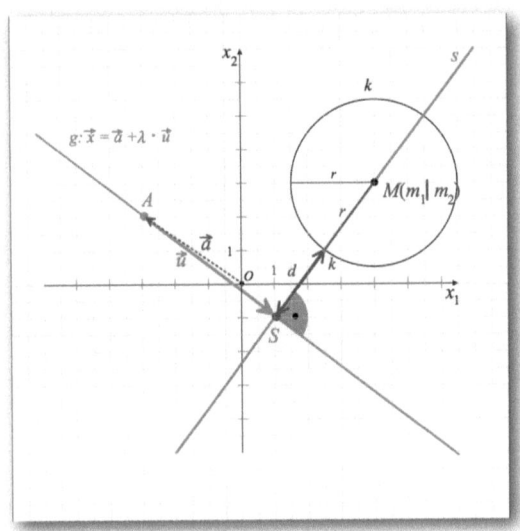

Um den Abstand d einer Geraden $g: \vec{x} = \vec{a} + \lambda \cdot \vec{u}$ von einem Kreis k mit Mittelpunkt M und Radius r, also $k: (\vec{x} - \vec{m})^2 = r^2$, in der Ebene zu bestimmen, ist folgende **Vorgehensweise** sinnvoll:

1. Man bestimmt zur Geraden $g: \vec{x} = \vec{a} + \lambda \cdot \vec{u}$ mit $\vec{u} = \begin{pmatrix} u_1 \\ u_2 \end{pmatrix}$ die zu g Senkrechte s mit dem Richtungsvektor $\vec{n} = \begin{pmatrix} -u_2 \\ u_1 \end{pmatrix}$ durch den Mittelpunkt M des Kreises (da $\vec{n} \bullet \vec{u} = 0$).
2. Die Senkrechte s mit der Gleichung $s: \vec{x} = \vec{m} + \mu \cdot \vec{n}$ bringt man mit der Geraden g zum Schnitt: $g \cap s = \{S\}$ (*Gleichsetzungsverfahren*)
3. Man berechnet schließlich den Abstand $d' = |\overline{SM}|$ und subtrahiert davon den Kreisradius r. Das Ergebnis ist der gesuchte Abstand von g zu k.

Zusammengefasst ergibt sich daraus folgende Rechenregel:

1 Kreis

Für die Berechnung des **Abstandes einer Geraden** $g: \vec{x} = \vec{a} + \lambda \cdot \vec{u}$ **der Ebene** $\mathbb{R}^2$ **von dem Kreis** k mit dem Mittelpunkt $M(m_1|m_2)$ und dem Radius r gilt die Abstandsformel:

$$d = d(g;k) = \left|\overrightarrow{SM}\right| - r = \left|\vec{m} - \vec{s}\right| - r = \sqrt{(m_1 - s_1)^2 + (m_2 - s_2)^2} - r$$

Dabei ist S mit Ortsvektor $\vec{s}$ der Schnittpunkt der Geraden g mit der zu g senkrechten Geraden $s: \vec{x} = \vec{m} + \mu \cdot \vec{n}$ durch den Mittelpunkt M, wobei der Vektor $\vec{n} = \begin{pmatrix} -u_2 \\ u_1 \end{pmatrix}$ der zu $\vec{u} = \begin{pmatrix} u_1 \\ u_2 \end{pmatrix}$ orthogonale Richtungsvektor der Senkrechten s ist.

Beispiel   Abstand Gerade - Kreis

Gegeben sind ein Kreis $k: \left(\vec{x} - \begin{pmatrix} 4 \\ 3 \end{pmatrix}\right)^2 = 2{,}5^2$ sowie die Gerade g mit

$g: \vec{x} = \begin{pmatrix} -3 \\ 2 \end{pmatrix} + \lambda \cdot \begin{pmatrix} 4 \\ -3 \end{pmatrix}$. Als Senkrechte zu g bestimmt man die Gerade

$s: \vec{x} = \begin{pmatrix} 4 \\ 3 \end{pmatrix} + \mu \cdot \begin{pmatrix} 3 \\ 4 \end{pmatrix}$.   Durch *Gleichsetzen* der rechten Seiten der

Parametergleichungen von g und s erhält man:

$$\begin{pmatrix} -3 \\ 2 \end{pmatrix} + \lambda \cdot \begin{pmatrix} 4 \\ -3 \end{pmatrix} = \begin{pmatrix} 4 \\ 3 \end{pmatrix} + \mu \cdot \begin{pmatrix} 3 \\ 4 \end{pmatrix} \Leftrightarrow \begin{cases} 4\lambda - 3\mu = 7 & \text{(I)} \\ 3\lambda + 4\mu = -1 & \text{(II)} \end{cases}$$

Als Lösungen dieses linearen Gleichungssystems ergeben sich die Werte $\lambda = 1$ und $\mu = -1 \Rightarrow S(1|-1)$ ist der Schnittpunkt von g und s. Dann errechnet sich der Abstand $d = d(g;k)$ wie folgt:

$$d = \sqrt{(4-1)^2 + (3-(-1))^2} - 2{,}5 = \sqrt{9+16} - 2{,}5 = 5 - 2{,}5 = 2{,}5 \text{ (LE)}.$$

1.4.4 Abstand Kreis - Kreis

Relativ einfach erweist sich die **Berechnung des Abstandes zweier Kreise**. Gegeben seien zwei Kreise in der Ebene:
$$k: (x_1 - m_1)^2 + (x_2 - m_2)^2 = r^2 \quad \text{und}$$
$$k': (x_1 - m_1')^2 + (x_2 - m_2')^2 = (r')^2.$$
Man berechnet den Abstand der beiden Mittelpunkte M und M' und vergleicht diesen mit der Summe bzw. der Differenz beider Kreisradien r und r'.

Ist der Abstand der Mittelpunkte größer als die Summe der Radien, liegen die Kreise nebeneinander, der Abstand der Kreise berechnet sich über den Abstand der Kreismittelpunkte, abzüglich der beiden Radien.

Ist der Abstand der Mittelpunkte kleiner als die Differenz der Radien, liegt ein Kreis innerhalb des zweiten. Den Abstand der Kreise berechnet man, indem man vom größeren Radius den kleinen Radius sowie den Abstand der Mittelpunkte abzieht.
In allen anderen Fällen schneiden oder berühren sich die Kreise.

(Man vergleiche auch die Darstellungen und Lagebeziehungen zweier Kreise auf Seite 20.)

Ist $\left|\overline{MM'}\right| > r + r'$ oder

$0 \leq \left|\overline{MM'}\right| < \left|r - r'\right|$, so besitzen k und k' **keinen gemeinsamen Punkt**.

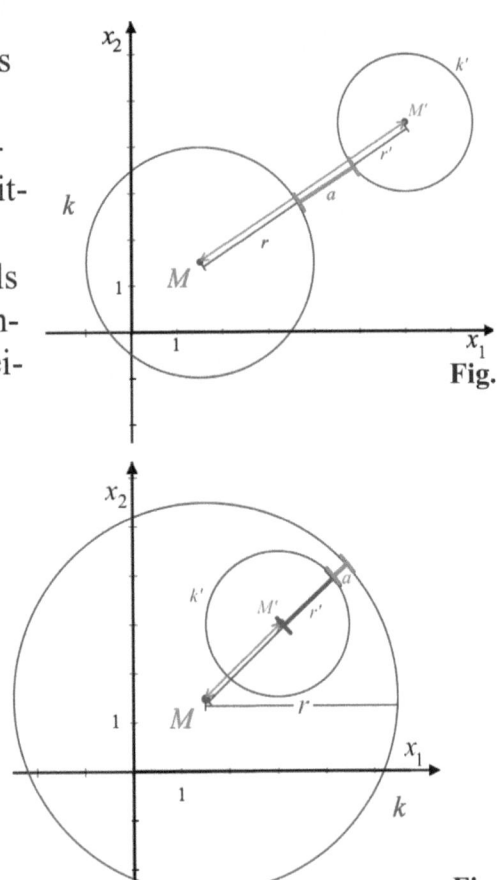

Fig. 2

Fig. 3

1 Kreis

Für die Berechnung des **Abstandes zweier Kreise k und k' der Ebene** $\mathbb{R}^2$ mit den Mittelpunkten $M(m_1|m_2)$ und $M'(m_1'|m_2')$ und den Radien r und r' gelten die Abstandsformeln:

❶ Liegt Kreis k ganz im Kreisäußeren k_a' von k', d.h. gilt für den Abstand der Mittelpunkte $|\overrightarrow{MM'}| > r + r'$, so berechnet sich der **Abstand a der Kreise** nach der Formel
$$a = d(k, k') = |\overrightarrow{MM'}| - r - r'.$$

❷ Liegt Kreis k' ganz im Kreisinneren von k (oder umgekehrt), d.h. gilt für den Abstand der Mittelpunkte $0 \leq |\overrightarrow{MM'}| < |r - r'|$, so berechnet sich der **Abstand a der Kreise** nach der Formel:
$$a = d(k, k') = |r - r'| - |\overrightarrow{MM'}|.$$

Dabei gilt für den Abstand der Mittelpunkte
$$d = d(M; M') = |\overrightarrow{MM'}| = |\vec{m}' - \vec{m}| = \sqrt{(m_1' - m_1)^2 + (m_2' - m_2)^2}$$

Beispiel   Abstand Kreis - Kreis

Gegeben sind die Kreise $k: \left(\vec{x} - \begin{pmatrix} -50 \\ 60 \end{pmatrix}\right)^2 = 50^2$, $k': \left(\vec{x} - \begin{pmatrix} 10 \\ -20 \end{pmatrix}\right)^2 = 37{,}5^2$.

Um den Abstand a der beiden Kreise rechnerisch zu ermitteln, berechnet man zuerst den Abstand der Mittelpunkte $M(-50|60)$ und $M'(10|-20)$. Es ist
$$d = d(M; M') = \sqrt{(10 - (-50))^2 + (-20 - 60)^2} = \sqrt{10000} = 100$$

Also gilt: k und k' „meiden" sich, haben also keinen Punkt gemeinsam, da $d(M; M') = 100 > |r + r'| = 87{,}5$.

Somit folgt für den **Abstand a der zwei Kreise**
$$a = d(k; k') = d(M; M') - r - r'$$
$$a = d(k; k') = 100 - 50 - 37{,}5 = 12{,}5$$
$$a = 12{,}5 \text{ (LE)}.$$

Aufgaben

19.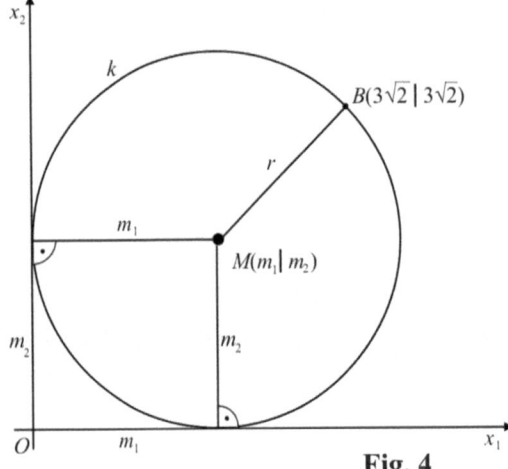

Fig. 4

Ein Kreis berührt die Koordinatenachsen und geht durch den Punkt $B(3\sqrt{2}|3\sqrt{2})$.

Bestimmen Sie eine Koordinatengleichung des Kreises k sowie M als seinen Mittelpunkt und den Radius r.

Werte sind exakt und auf eine Dezimale gerundet anzugeben.

20.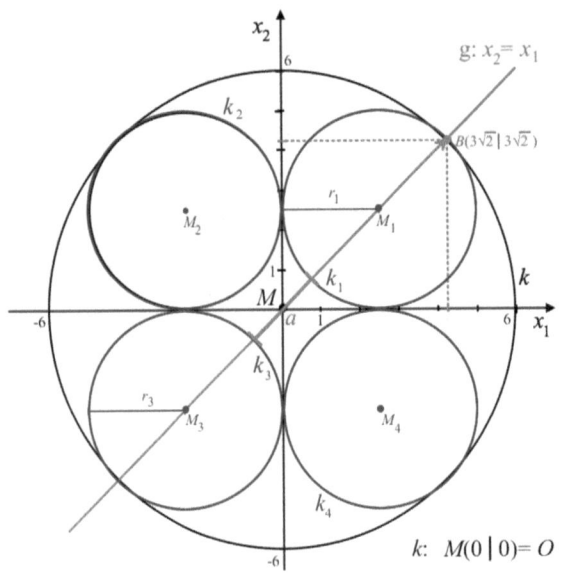

Fig. 5

Gegeben sind fünf Kreise: Großer Kreis k mit Mittelpunkt im Ursprung und $r = 6$, vier kleine Kreise, die den Kreis k jeweils von innen berühren und die die beiden Koordinatenachsen ebenso (siehe Fig. 5).

a) Wie lautet eine Koordinatengleichung für den Kreis k?

b) Ermitteln Sie unter Beachtung der Aufgabe 19 die Koordinaten der Mittelpunkte M_1 und M_3 sowie die Radien r_1 und r_3.

c) Berechnen Sie den Abstand a der beiden Kreise k_1 und k_3.

1 Kreis

1.5 Weitere Aufgaben [E]

Aufgaben

21. Welche Beziehung (Gleichung oder Ungleichung) muss für die Mittelpunktskoordinaten m_1, m_2 eines Kreises k^* mit dem Radius 2 gelten, damit er zum Kreis k

$$k: \left[\vec{x} - \begin{pmatrix} 1 \\ 2 \end{pmatrix}\right]^2 = 9$$

die folgende Lage hat?
a) k^* liegt außerhalb von k und hat keinen Punkt mit k gemeinsam
b) k^* berührt k von außen
c) k^* schneidet k, hat also mit k zwei verschiedene Punkte gemeinsam
d) k^* berührt k von innen
e) k^* liegt innerhalb von k und hat keinen Punkt mit k gemeinsam
f) k^* ist konzentrisch[1] zu k.

22. Bestimmen Sie die Zahl $c \in \mathbb{R}$ so, dass die Gerade $g: 3x_1 - x_2 = c$ den Kreis $k: x_1^2 + x_2^2 = 10$ berührt.

23. Ein Stab der festen Länge s gleitet mit seinen Enden auf der x_2- bzw. der x_1-Achse, sozusagen auf zwei zueinander senkrechten „Führungsschienen".
Welche (Orts-)Kurve durchläuft der Mittelpunkt des Stabes?

---

[1] *konzentrisch*: aus lat. con, „mit" und centrum, „Mittelpunkt";
also „mit einem (einzigen) Mittelpunkt".

1 Kreis

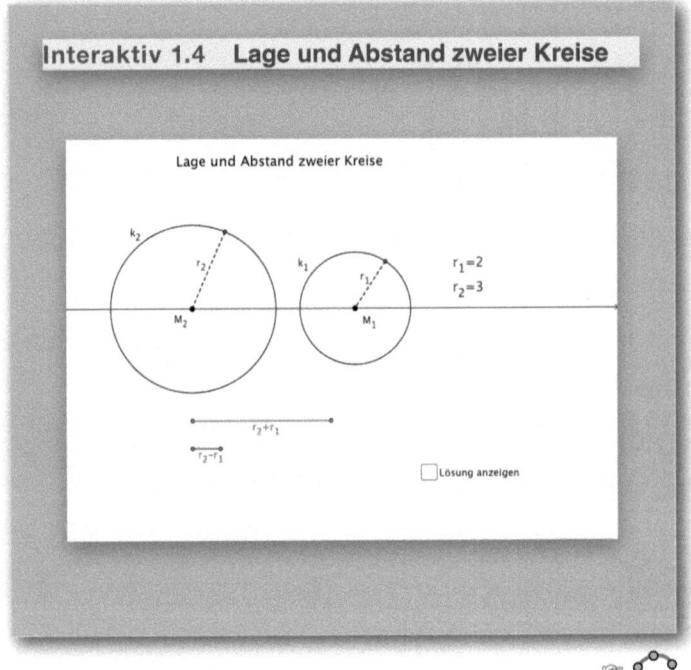

2 Kugel

sphaera (lat.): Kugel, Himmelsglobus, Kreisbahn (der Planeten)

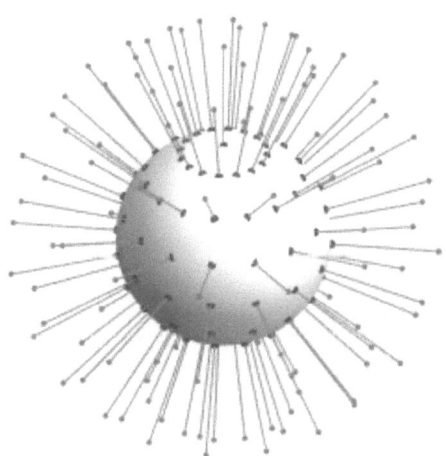

2 Kugel

2.1 Kugelgleichungen einer Kugel

2.1.1 Kugelgleichung in Vektorschreibweise

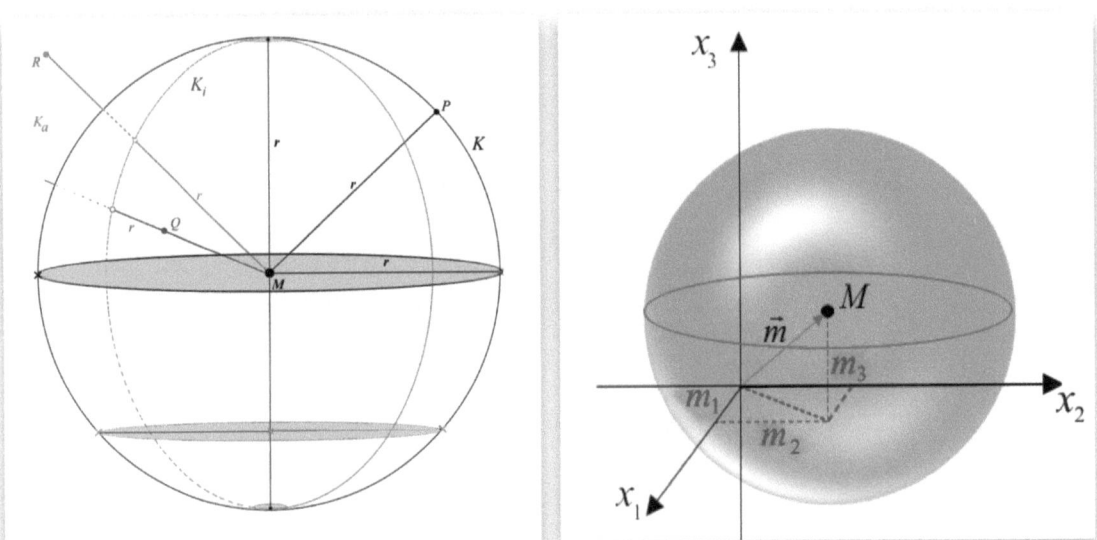

Kugel K
Die Menge aller Punkte P des Raumes, die von einem gegebenen Punkt M denselben Abstand r haben, heißt **Kugel K** mit dem **Mittelpunkt M** und dem **Radius r**.

Bezeichnet man mit X (Ortsvektor $\vec{x}$) einen beliebigen Punkt der Kugel K in einem kartesischen Koordinatensystem, so gilt: $\overrightarrow{MX} = \vec{x} - \vec{m}$. Somit sind alle Punkte X des Raumes mit $\left|\overrightarrow{MX}\right| = \left|\vec{x} - \vec{m}\right| = r$ Punkte der Kugel K. Wegen $\left|\overrightarrow{MX}\right| = r$ ist $\left|\overrightarrow{MX}\right|^2 = r^2$. Nach Definition des Betrages eines Vektors $\vec{a}$ gilt: $\left|\vec{a}\right| = \sqrt{\vec{a} \bullet \vec{a}} \Leftrightarrow \left|\vec{a}\right|^2 = \vec{a}^2$. Daraus folgt die Gleichung für die Kugel K: $\left|\overrightarrow{MX}\right|^2 = \overrightarrow{MX}^2 = \left|\vec{x} - \vec{m}\right|^2 = r^2 \Leftrightarrow \left(\vec{x} - \vec{m}\right)^2 = r^2$.

Kugelgleichung in Vektorschreibweise

Im Raum $\mathbb{R}^3$ seien $\vec{m}$ der Ortsvektor des Mittelpunktes M („Mittelpunktsvektor") und $\vec{x}$ der Ortsvektor eines beliebigen Punktes X einer Kugel K mit dem Radius r. Dann gilt:
$$(\vec{x} - \vec{m})^2 = r^2.$$

2.1.2 Kugelgleichung in Koordinatenschreibweise

Mit der für den $\mathbb{R}^3$ (= Raum) üblichen Koordinatenschreibweise erhält man:

$$\vec{x} = \begin{pmatrix} x_1 \\ x_2 \\ x_3 \end{pmatrix} \text{ und } \vec{m} = \begin{pmatrix} m_1 \\ m_2 \\ m_3 \end{pmatrix} \Rightarrow \left[\begin{pmatrix} x_1 \\ x_2 \\ x_3 \end{pmatrix} - \begin{pmatrix} m_1 \\ m_2 \\ m_3 \end{pmatrix} \right]^2 = r^2$$

$$\Leftrightarrow \begin{pmatrix} x_1 - m_1 \\ x_2 - m_2 \\ x_3 - m_3 \end{pmatrix}^2 = \begin{pmatrix} x_1 - m_1 \\ x_2 - m_2 \\ x_3 - m_3 \end{pmatrix} \bullet \begin{pmatrix} x_1 - m_1 \\ x_2 - m_2 \\ x_3 - m_3 \end{pmatrix} = r^2$$

Ausrechnen des Skalarprodukts auf der linken Seite der Gleichung ergibt die

Koordinatengleichung einer Kugel

Im Raum $\mathbb{R}^3$ wird die **Kugel K** mit dem Mittelpunkt $M(m_1|m_2|m_3)$ und dem Radius r durch die Gleichung
$$(x_1 - m_1)^2 + (x_2 - m_2)^2 + (x_3 - m_3)^2 = r^2$$
beschrieben.

Beispiel
Gegeben ist eine Kugel K im Raum mit dem Mittelpunkt $M(4|-1|3)$ und dem Radius 7. Dann lautet ihre *Koordinatengleichung*:
$$(x_1 - 4)^2 + (x_2 + 1)^2 + (x_3 - 3)^2 = 49 \quad \text{oder aufgelöst}$$
$$x_1^2 - 8x_1 + x_2^2 + 2x_2 + x_3^2 - 6x_3 - 23 = 0$$

Die zugehörige *Vektorgleichung* lautet: $\left[\begin{pmatrix} x_1 \\ x_2 \\ x_3 \end{pmatrix} - \begin{pmatrix} 4 \\ -1 \\ 3 \end{pmatrix} \right]^2 = 49$.

2.2 Punktprobe

Ist eine Kugel K (im Raum) mit dem Mittelpunkt M und dem Radius r gegeben, so nennt man

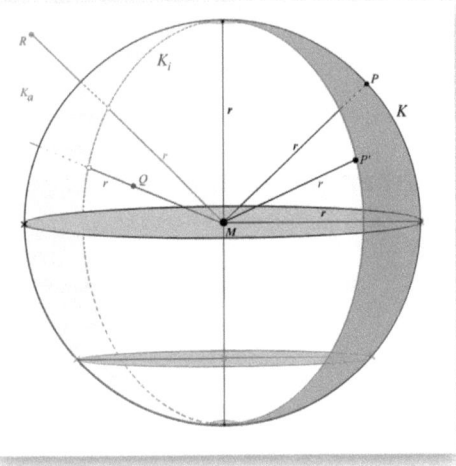

- einen Punkt Q **inneren Punkt** der Kugel K, wenn sein Abstand zum Mittelpunkt M kleiner als der Radius r ist, wenn also

  $\left|\overline{MQ}\right| < r$ gilt; d.h. $Q \in K_i$

- einen Punkt R **äußeren Punkt** der Kugel K, wenn sein Abstand zum Mittelpunkt M größer als der Radius r ist, wenn also

  $\left|\overline{MR}\right| > r$ gilt; d.h. $R \in K_a$.

Beispiel (Punktprobe)

Betrachtet werden soll noch einmal die Kugel K aus dem Beispiel von Seite 34. $k: (x_1 - 4)^2 + (x_2 + 1)^2 + (x_3 - 3)^2 = 49$ (⊙) mit $M(4|-1|3)$ und Radius $r = 7$.

Geprüft werden soll die Lage der Punkte $A(-8|4|1)$, $B(4|6|3)$, $C(5|3|1)$ und $D(10|\sqrt{13} - 1|3)$.

$A(-8|4|1)$: $\left|\overline{MA}\right| = \sqrt{(-8-4)^2 + (4+1)^2 + (1-3)^2} = \sqrt{144 + 25 + 4} = \sqrt{173} = 13{,}15$

$\left|\overline{MA}\right| = 13{,}15 > 7$; also liegt A außerhalb der Kugel in K_a.

$B(4|6|3)$: $\left|\overline{MB}\right| = \sqrt{(4-4)^2 + (6+1)^2 + (3-3)^2} = \sqrt{49} = 7 = r \Rightarrow B \in K$.

$C(5|3|1)$: $\left|\overline{MC}\right| = \sqrt{(5-4)^2 + (3+1)^2 + (1-3)^2} = \sqrt{1 + 16 + 4} = \sqrt{21} \approx 4{,}58$

$\left|\overline{MC}\right| = 4{,}58 < 7$; also liegt C innerhalb der Kugel in K_i.

$D(10|\sqrt{13} - 1|3)$: $\left|\overline{MD}\right| = \sqrt{(10-4)^2 + (\sqrt{13} - 1 + 1)^2 + (3-3)^2} = \sqrt{36 + 13} = 7$

$\left|\overline{MD}\right| = 7 = r \Rightarrow D \in K$.

Die Überprüfung kann auch durch Einsetzen der Punkt-Koordinaten in die Kugelgleichung (⊙) erfolgen (Punktprobe).

2 Kugel

Aufgaben

1. Untersuchen Sie, ob die quadratische Gleichung
$$x_1^2 + x_2^2 + x_3^2 - 4x_1 + 6x_2 + 14 = 0$$
eine Kugel im Raum beschreibt.

2. Gegeben seien drei Kugeln K_1, K_2 und K_3 durch ihre Mittelpunkte und Radien:

$K_1 : M_1(0|-3|2), r_1 = 1$; $K_2 : M_2(\sqrt{2}|2|-1), r_2 = \sqrt{3}$; $K_3 : M_3(0|0|0), r_3 = 2$

   a) Wie lauten die zugehörigen Kugelgleichungen in Koordinatenform?
   b) Bestimmen Sie die Lage des Punktes $A(0|1|-1)$ bezüglich der drei gegebenen Kugeln.

3. Gesucht ist die richtige **Zuordnung**:
Gegeben sind die drei *Kugeln I, II und III*. Ihre „Steckbriefe" finden Sie rechts neben den einzelnen Kugelsymbolen. Die zugehörigen Kugelgleichungen lauten (in falscher Reihenfolge):

$K_1 : (x_1 - 2)^2 + (x_2 - 3)^2 + (x_3 - 2{,}5)^2 = 6{,}25$
$K_2 : (x_1 - 2)^2 + (x_2 + 2)^2 + x_3^2 = 1$
$K_3 : (x_1 + 1)^2 + (x_2 + 3)^2 + (x_3 - 4)^2 - 3 = 0$

Eine zur Lösung hilfreiche bildliche Darstellung finden Sie auf der folgenden Seite 38.

I – Die Kugel K_I hat ihren Mittelpunkt in $M(-1|-3|4)$ und hat den Radius $\sqrt{3}$.

II – Die Kugel K_{II} berührt im Punkt $B(2|3|0)$ die x_1-x_2-Ebene; ihr Mittelpunkt M liegt 2,5 LE über dieser Ebene.

III – Der Mittelpunkt der Kugel K_{III} liegt im Schnittpunkt der Geraden
$g : \vec{x} = \begin{pmatrix} 0 \\ 0 \\ 3 \end{pmatrix} + \lambda \cdot \begin{pmatrix} -2 \\ 2 \\ 3 \end{pmatrix}$ mit
der x_1-x_2-Ebene ($x_3 = 0$); der Radius der Kugel ist 1.

Allgemein gilt für die

Lage eines Punktes bezüglich einer Kugel im Raum $\mathbb{R}^3$

Ein Punkt $P(p_1|p_2|p_3)$ des Raumes gehört genau dann zu der Kugel K mit der Gleichung $(x_1 - m_1)^2 + (x_2 - m_2)^2 + (x_3 - m_3)^2 = r^2$, wenn die Koordinaten des Punktes P die Kugelgleichung erfüllen, d.h. wenn
$$(p_1 - m_1)^2 + (p_2 - m_2)^2 + (p_3 - m_3)^2 = r^2 \quad \text{gilt (\textbf{Punktprobe})}.$$
Gilt dagegen $(p_1 - m_1)^2 + (p_2 - m_2)^2 + (p_3 - m_3)^2 < r^2$ oder
$$(p_1 - m_1)^2 + (p_2 - m_2)^2 + (p_3 - m_3)^2 > r^2,$$
so liegt $P(p_1|p_2|p_3)$ *innerhalb* bzw. *außerhalb* der betrachteten Kugel.

2 Kugel

Zur Aufgabe 3 auf Seite 37.

$K_1: (x_1 - 2)^2 + (x_2 - 3)^2 + (x_3 - 2.5)^2 = 6.25$

$K_2: (x_1 - 2)^2 + (x_2 + 2)^2 + x_3^2 = 1$

$K_3: (x_1 + 1)^2 + (x_2 + 3)^2 + (x_3 - 4)^2 - 3 = 0$

Kugeln im Raum

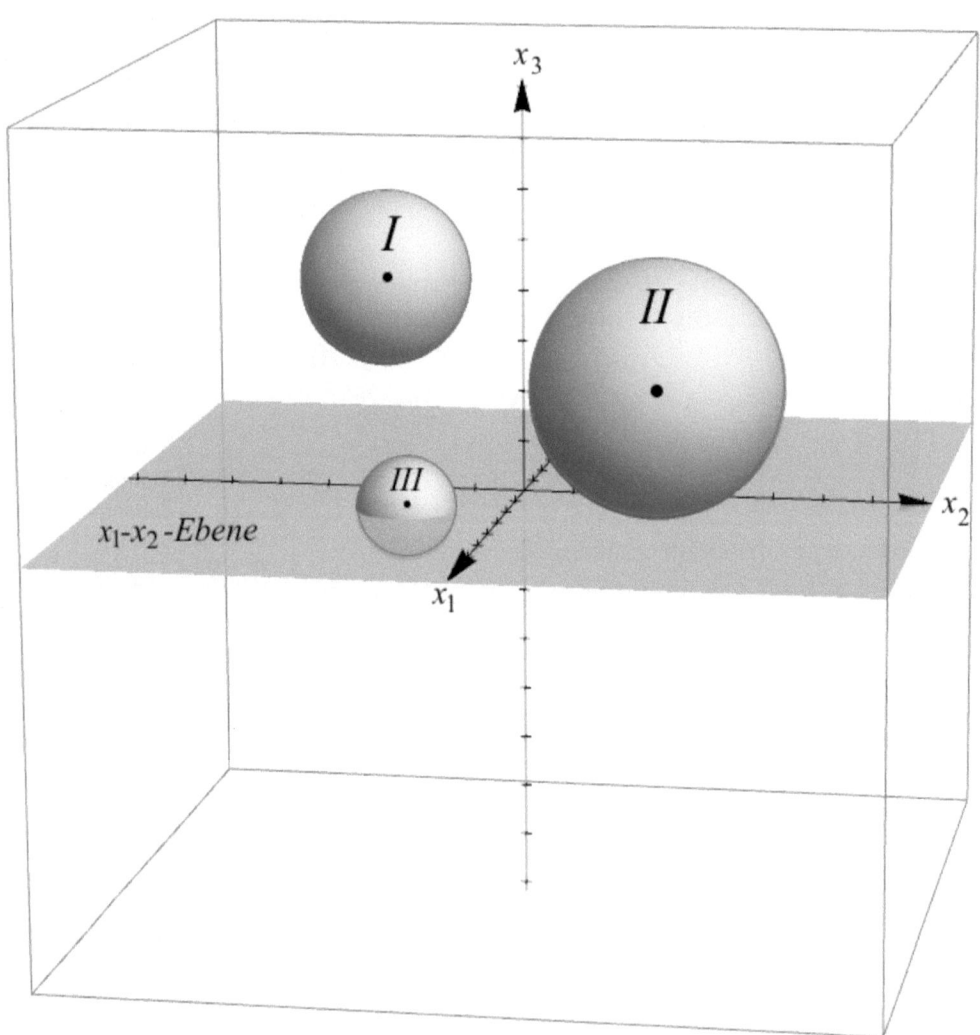

Kugel durch vier vorgegebene Punkte
(Analytische Beschreibung)

Ein Kreis ist durch drei unterschiedliche Punkte seines Bogens eindeutig festgelegt. Umgekehrt definieren drei unterschiedliche Punkte, die nicht auf einer Geraden liegen, einen eindeutigen Kreis. Dies gilt auch im Raum, denn drei Punkte, die nicht auf einer Geraden liegen (nicht kollinear) spannen eine Ebene auf, auf der dann der Kreis liegt. Man stelle sich nun drei solche Punkte im dreidimensionalen Raum vor und den durch sie gehenden Kreis.

Bei allen Kugeln, auf deren Oberflächen diese drei Punkte liegen, muss auch der Kreis auf der Kugelfläche liegen. Darüber hinaus liegen alle Mittelpunkte der Kugeln, die man zu dem Kreis bilden kann, auf einer Senkrechten zum Kreis durch dessen Mittelpunkt.

Durch einen einzigen zusätzlichen, also einen vierten Oberflächenpunkt ist die Kugel festgelegt, wie man sich leicht vorstellen kann. Allerdings darf dieser Punkt nicht in der Ebene des Kreises liegen: Entweder liegen die Punkte dann alle auf einem Kreis, dann ist die Kugel nicht eindeutig definiert, oder sie liegen nicht auf einem Kreis, dann gibt es keine entsprechende Kugel.

Für vier vorgegebene Punkte lässt sich also genau dann eine Kugel finden, auf deren Oberfläche die Punkte liegen, wenn sie alle verschieden sind, wenn nicht drei von ihnen auf einer Geraden liegen und nicht alle vier in einer Ebene.

Beispiel

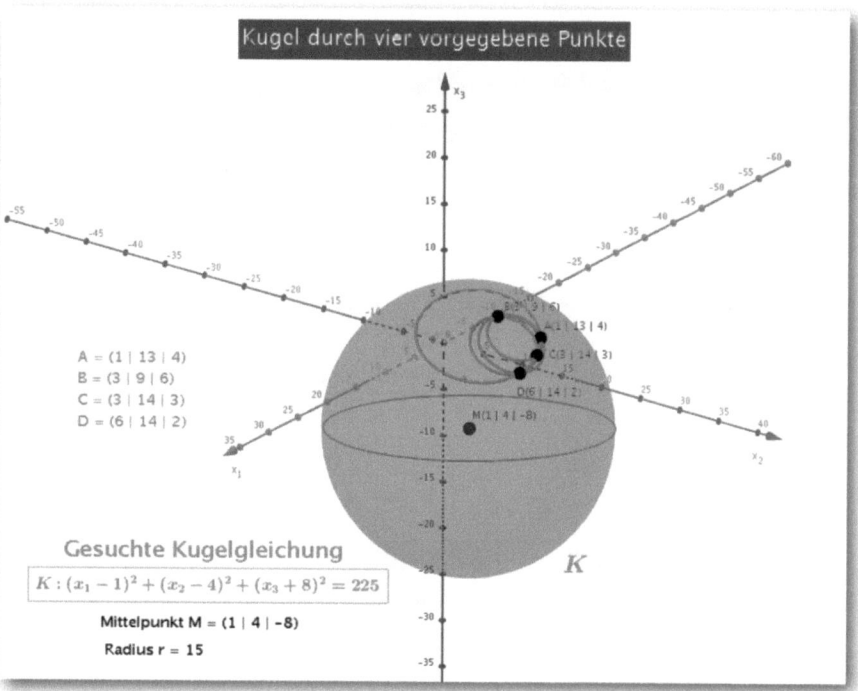

$A = (1 \mid 13 \mid 4)$
$B = (3 \mid 9 \mid 6)$
$C = (3 \mid 14 \mid 3)$
$D = (6 \mid 14 \mid 2)$

Gesuchte Kugelgleichung

$K: (x_1 - 1)^2 + (x_2 - 4)^2 + (x_3 + 8)^2 = 225$

Mittelpunkt $M = (1 \mid 4 \mid -8)$

Radius $r = 15$

Hier nun für Interessierte (und Fortgeschrittene :-)) die Herleitung der Kugelgleichung im Beispiel Seite 37, in dem zu den vier Punkten $A(1|13|4)$, $B(3|9|6)$, $C(3|14|3)$, $D(6|14|2)$ die Kugel mit der zugeordneten **Kugelgleichung** durch diese vier vorgegebenen Punkte gefunden werden sollte. Man benötigt dazu die Koordinaten des Mittelpunktes und den Radius. Damit erstellt man ein **Gleichungssystem** mit 4 Unbekannten, das es zu lösen gilt.

$$(1 - m_1)^2 + (13 - m_2)^2 + (4 - m_3)^2 = r^2 \quad \text{I}$$
$$(3 - m_1)^2 + (9 - m_2)^2 + (6 - m_3)^2 = r^2 \quad \text{II}$$
$$(3 - m_1)^2 + (14 - m_2)^2 + (3 - m_3)^2 = r^2 \quad \text{III}$$
$$(6 - m_1)^2 + (14 - m_2)^2 + (2 - m_3)^2 = r^2 \quad \text{IV}$$

Auflösen der Klammern und schrittweise Elimination der Variablen r führt zu folgendem System mit nur noch 3 Variablen:

$$-8 + 4m_1 + 88 - 8m_2 - 20 + 4m_3 = 0 \quad \text{I - II}$$
$$-8 + 4m_1 - 27 + 2m_2 + 7 - 2m_3 = 0 \quad \text{I - III} \quad \Leftrightarrow$$
$$-35 + 10m_1 - 27 + 2m_2 + 12 - 4m_3 = 0 \quad \text{I - IV}$$

$$4m_1 - 8m_2 + 4m_3 = -60 \quad \text{V}$$
$$4m_1 + 2m_2 - 2m_3 = 28 \quad \text{VI}$$
$$10m_1 + 2m_2 - 4m_3 = 50 \quad \text{VII}$$

Dieses Gleichungssystem liefert nun die Lösung $m_1 = 1$; $m_2 = 4$; $m_3 = -8$. Einsetzen in eine der Gleichungen (I bis IV) ergibt $r = 15$.
Somit lautet die Kugelgleichung:

$$(x_1 - 1)^2 + (x_2 - 4)^2 + (x_3 + 8)^2 = 225 \ .$$

fakultativ

Aufgabe

4. a) Zeigen Sie, dass die vier Punkte $A(8|5|7)$, $B(-4|-10|-2)$, $C(8|6|0)$ und $D(0|14|6)$ *nicht* in einer Ebene liegen.

   b) Zeigen Sie, dass die vier Punkte A, B, C, D auf der Kugel K liegen, deren Mittelpunkt $M(-4|2|3)$ und deren Radius $r = 3$ ist.

2.3 Lagebeziehungen

2.3.1 Lagebeziehung von Kugel und Gerade

Eine Kugel und eine Gerade haben *keinen* gemeinsamen Punkt oder *genau einen* gemeinsamen Punkt oder *genau zwei* gemeinsame Punkte.

> Wenn eine Gerade t und ein Kugel K genau einen Punkt P gemeinsam haben, dann heißt die Gerade t eine **Tangente an K im Punkt P**.
> Eine Gerade g, die mit K genau zwei verschiedene Punkte gemeinsam hat, nennt man **Sekante** von K; eine Gerade h, die mit K keinen Punkt gemeinsam hat, heißt **Passante**.

Im Unterschied zum Kreis in der Ebene (☞ Kapitel 1, Abschnitt 3) gibt es im dreidimensionalen Raum $\mathbb{R}^3$ in jedem Kugelpunkt unendlich viele Tangenten an die Kugel. Diese Tangenten in einem Kugelpunkt P bilden die **Tangentialebene** an die Kugel K in P.

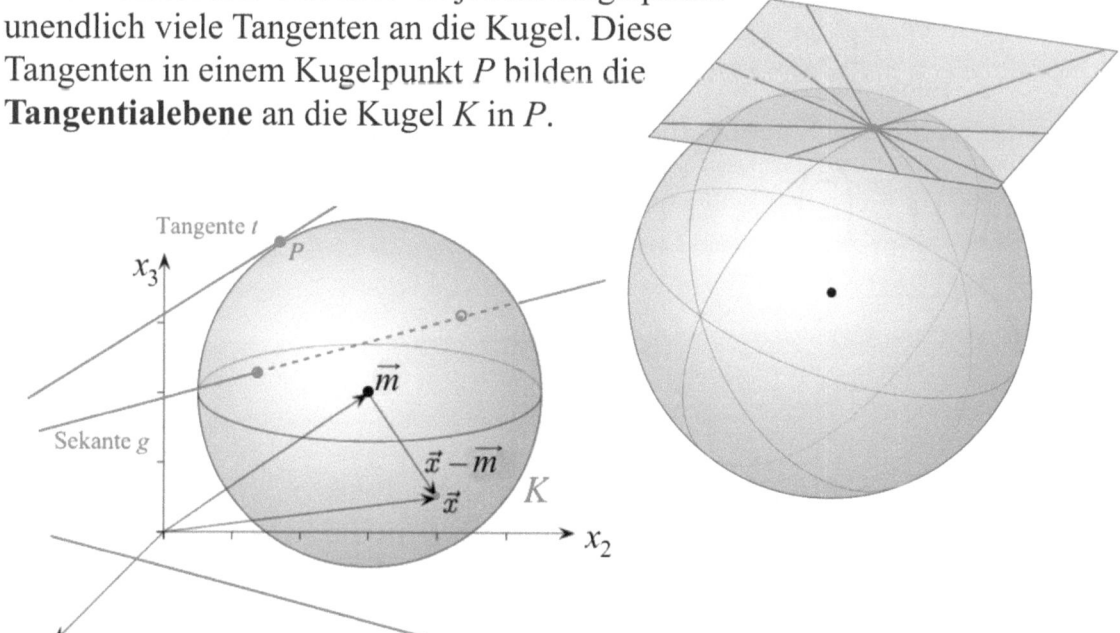

2 Kugel

Beispiel **Lagebeziehung von g bezüglich K**

Gegeben seien eine Kugel K mit dem Mittelpunkt $M(1|2|2)$ und dem Radius $r = 3$ sowie eine Gerade g mit der Gleichung $\vec{x} = \begin{pmatrix} 1 \\ 1 \\ 1 \end{pmatrix} + \lambda \cdot \begin{pmatrix} 2 \\ 1 \\ 2 \end{pmatrix}$.

Es sollen die Lagebeziehung von g bezüglich K untersucht und gegebenenfalls Schnittpunkte bestimmt werden.

$(x_1 - 1)^2 + (x_2 - 2)^2 + (x_3 - 2)^2 = 9$ ist die Koordinatengleichung von K und

$x_1 = 1 + 2\lambda$, $x_2 = 1 + \lambda$, $x_3 = 1 + 2\lambda$ die durch Koordinatenvergleich gewonnene Koordinatendarstellung von g.

Durch **Einsetzen** der Koordinaten von g in die Gleichung von K folgt:

$((1 + 2\lambda) - 1)^2 + ((1 + \lambda) - 2)^2 + ((1 + 2\lambda) - 2)^2 = 9 \Leftrightarrow$

$4\lambda^2 + (\lambda - 1)^2 + (2\lambda - 1)^2 = 9 \Leftrightarrow$

$9\lambda^2 - 6\lambda - 7 = 0 \;|\!:9 \quad\Leftrightarrow\quad \lambda^2 - \dfrac{2}{3}\lambda - \dfrac{7}{9} = 0 \quad\Rightarrow\quad \lambda_{1,2} = \dfrac{1}{3} \pm \sqrt{\left(\dfrac{1}{3}\right)^2 - \left(-\dfrac{7}{9}\right)}$

$\lambda_{1,2} = \dfrac{1}{3} \pm \sqrt{\dfrac{8}{9}} = \dfrac{1}{3} \pm \dfrac{2}{3}\sqrt{2}$; folglich hat die Gerade g genau zwei Punkte

S_1 und S_2 mit der Kugel gemeinsam, g ist also eine **Sekante** von K:

$\vec{s}_1 = \begin{pmatrix} 1 \\ 1 \\ 1 \end{pmatrix} + \lambda_1 \cdot \begin{pmatrix} 2 \\ 1 \\ 2 \end{pmatrix}$, $\vec{s}_2 = \begin{pmatrix} 1 \\ 1 \\ 1 \end{pmatrix} + \lambda_2 \cdot \begin{pmatrix} 2 \\ 1 \\ 2 \end{pmatrix}$, also lauten die Schnittpunkte:

$S_1(3{,}55|2{,}28|3{,}55)$ und $S_2(-0{,}22|0{,}39|-0{,}22)$.

Hinweis:

Betrachtet man eine Kugel K und einen festen Punkt P außerhalb von K, so gibt es unendlich viele Tangenten durch P an die Kugel K. Die Menge dieser Tangenten bildet einen (doppelten) Kreiskegel (**Tangentialkegel**) von P an K.

2 Kugel

Aufgaben

5. Untersuchen Sie die Lage der Geraden $g: \vec{x} = \lambda \cdot \begin{pmatrix} 2 \\ 1 \\ 1 \end{pmatrix}$ zu der Kugel K mit

$$K: \left(\vec{x} - \begin{pmatrix} 1 \\ 1 \\ 1 \end{pmatrix} \right)^2 = 1.$$

6. Bestimmen Sie die Menge der gemeinsamen Punkte der Geraden g mit $g: \vec{x} = \vec{a} + \lambda \vec{u}$ und der Kugel K mit $K: (\vec{x} - \vec{m})^2 = r^2$.

   a) $\vec{a} = \begin{pmatrix} 1 \\ 1 \\ 1 \end{pmatrix}$ $\vec{u} = \begin{pmatrix} 2 \\ 1 \\ 1 \end{pmatrix}$ $\vec{m} = \begin{pmatrix} 0 \\ 0 \\ 0 \end{pmatrix}$ $r = 1$

   b) $\vec{a} = \begin{pmatrix} 6 \\ 8 \\ 4 \end{pmatrix}$ $\vec{u} = \begin{pmatrix} 1 \\ 1 \\ 1 \end{pmatrix}$ $\vec{m} = \begin{pmatrix} -8 \\ 2 \\ -1 \end{pmatrix}$ $r = 13$

7. Bestimmen Sie die Schnittpunkte der Geraden $g = AB$ durch die Punkte A und B mit der Kugel K.

   a) $A(3|-1|8)$, $B(2|0|7)$ $K: x_1^2 + (x_2 + 1)^2 + (x_3 - 8)^2 = 33$
   b) $A(9|3|5)$, $B(1|3|11)$ $K: (x_1 - 2)^2 + (x_2 - 3)^2 + (x_3 - 4)^2 = 25$

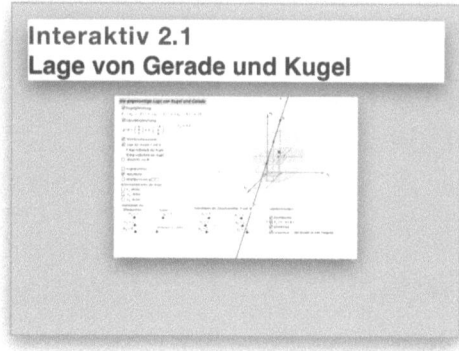

Interaktiv 2.1
Lage von Gerade und Kugel

2.3.2 Lagebeziehung von Kugel und Ebene

Eine **Kugel und eine Ebene** haben *keinen Punkt* oder *genau einen Punkt* oder *einen Kreis* gemeinsam.

> Haben eine Ebene e_T und eine Kugel K genau einen Punkt B gemeinsam, dann heißt die Ebene e_T **Tangentialebene** an die Kugel K in B.

Herleitung einer Gleichung der Tangentialebene an eine Kugel K in einem Kugelpunkt B (vektoriell):

B sei ein Punkt der Kugel K mit dem Mittelpunkt M und dem Radius r. Wenn e_T die Tangentialebene in B an K ist, dann verläuft $\overrightarrow{MB}$ senkrecht zu e_T. Folglich gilt $\overrightarrow{BX} \bullet \overrightarrow{MB} = 0$, wobei X ein beliebiger Punkt von e_T ist. Unter Verwendung der zugehörigen Ortsvektoren erhält man:

$$(\vec{x} - \vec{b}) \bullet (\vec{b} - \vec{m}) = 0$$

als vektorielle Gleichung der Tangentialebene von K in B. Für die zugehörige Koordinatengleichung ergibt sich dann:
$$(x_1 - b_1) \cdot (b_1 - m_1) + (x_2 - b_2) \cdot (b_2 - m_2) + (x_3 - b_3) \cdot (b_3 - m_3) = 0.$$
Addiert man auf beiden Seiten der Gleichung
$r^2 = (b_1 - m_1)^2 + (b_2 - m_2)^2 + (b_3 - m_3)^2$, da ja $B \in K$ ist, so erhält man nach Umformung die **Ebenengleichung** für e_T:

$$(b_1 - m_1) \cdot (x_1 - m_1) + (b_2 - m_2) \cdot (x_2 - m_2) + (b_3 - m_3) \cdot (x_3 - m_3) = r^2$$

2 Kugel

Gleichungen einer Tangentialebene

Ist K eine Kugel mit dem Mittelpunkt $M(m_1|m_2|m_3)$ und dem Radius r sowie $B(b_1|b_2|b_3)$ ein Punkt der Kugel(-oberfläche) K, dann ist

$e_T: (\vec{b} - \vec{m}) \bullet (\vec{x} - \vec{m}) = r^2$ die *Vektorgleichung* und

$e_T: (b_1 - m_1) \cdot (x_1 - m_1) + (b_2 - m_2) \cdot (x_2 - m_2) + (b_3 - m_3) \cdot (x_3 - m_3) = r^2$

die *Koordinatengleichung* der **Tangentialebene** e_T an K im Punkt B.

Beispiel 1   Bestimmung der Tangentialebene in einem Kugelpunkt

Eine Kugel vom Radius $r = 13$ LE hat ihren Mittelpunkt im Ursprung. Auf ihr liegt der Punkt $B(b_1|4|3)$ mit $b_1 > 0$. Gesucht ist die Gleichung der Tangentialebene in einem vorgegebenen Punkt B.

Die *Kugelgleichung* lautet: $K: x_1^2 + x_2^2 + x_3^2 = r^2 = 169$

$B \in K \Rightarrow b_1^2 + 16 + 9 = 169 \Leftrightarrow b_1^2 = 144 \Leftrightarrow b_{1,2} = \pm 12$

Also ist $b_1 = 12 > 0$, d.h. $B(12|4|3)$

Tangentialebene e_T an die Kugel K in B:

$e_T: (\vec{b} - \vec{m}) \bullet (\vec{x} - \vec{m}) = r^2$, also

$e_T: \begin{pmatrix} 12 \\ 4 \\ 3 \end{pmatrix} \bullet (\vec{x} - \begin{pmatrix} 0 \\ 0 \\ 0 \end{pmatrix}) = 169 \Leftrightarrow e_T: \begin{pmatrix} 12 \\ 4 \\ 3 \end{pmatrix} \bullet \vec{x} - 169 = 0$

in Koordinatenform: $e_T: 12x_1 + 4x_2 + 3x_3 = 169$

Aufgabe

8. Im Punkt $B(5|9|-3)$ ist die *Tangentialebene* an die Kugel K mit dem Mittelpunkt $M(2|3|-1)$ zu legen. Bestimmen Sie eine Gleichung der Kugel sowie die Gleichung der Tangentialebene.

Beispiel 2 Bestimmung bei vorgegebener Tangentialebene des Berührpunktes mit der Kugel sowie deren Radius

Bestimmt werden sollen Radius r und Berührpunkt B einer Kugel um den Ursprung, für die die Ebene $e: 3x_1 - 2x_2 + 4x_3 = 1$ Tangentialebene ist.

1. Eine Normalengleichung der Ebene e lautet: $\begin{pmatrix} 3 \\ -2 \\ 4 \end{pmatrix} \cdot \vec{x} - 1 = 0$.

2. Man bestimmt eine Gerade g senkrecht zur Ebene durch $M = O$.

$$g: \vec{x} = \begin{pmatrix} 0 \\ 0 \\ 0 \end{pmatrix} + \lambda \cdot \begin{pmatrix} 3 \\ -2 \\ 4 \end{pmatrix} \qquad \text{also } \vec{u}_g = \vec{n}_e$$

3. Man bringt die Gerade g mit der Ebene e zum Schnitt:

$$g \cap e: \begin{pmatrix} 3 \\ -2 \\ 4 \end{pmatrix} \cdot \left[\lambda \cdot \begin{pmatrix} 3 \\ -2 \\ 4 \end{pmatrix} \right] - 1 = 0 \qquad \textit{Einsetzungsverfahren}$$

$$\Leftrightarrow 29 \cdot \lambda - 1 = 0 \Leftrightarrow \lambda = \frac{1}{29} \qquad \textit{eingesetzt in g liefert}$$

4. $\vec{b} = \begin{pmatrix} 3/29 \\ -2/29 \\ 4/29 \end{pmatrix}$, also $B\left(\frac{3}{29} \middle| \frac{-2}{29} \middle| \frac{4}{29}\right)$ als Berührpunkt mit der Kugel

Der Radius der Kugel r errechnet sich aus

$$r = \left|\overrightarrow{MB}\right| = \left|\begin{pmatrix} 3/29 \\ -2/29 \\ 4/29 \end{pmatrix}\right| = \sqrt{\frac{9 + 4 + 16}{29^2}} = \sqrt{\frac{1}{29}} = \frac{1}{29}\sqrt{29} \approx 0{,}19$$

Aufgabe

9. Bestimmen Sie Radius und Berührpunkt einer Kugel um den Ursprung, für die die folgende Ebene Tangentialebene ist:

   a) $e_1: 2x_1 + x_2 - x_3 = 3$

   b) $e_2:$ Ebene durch $A(3|1|4)$, $B(0|1|8)$, $C(1|0|0)$.

2 Kugel

Beispiel 3 **Bestimmung der gegenseitige Lage von Kugel und Ebene**

Untersucht werden soll die Lage der Ebene $e: x_1 + x_2 + x_3 = 5$ zur Kugel $K: x_1^2 + x_2^2 + x_3^2 = 25$.

❶ Eine Normalengleichung der Ebene e lautet: $\begin{pmatrix} 1 \\ 1 \\ 1 \end{pmatrix} \cdot \vec{x} - 5 = 0$.

❷ Man bestimmt eine Gerade g senkrecht zur Ebene durch $M = O$.

$$g: \vec{x} = \begin{pmatrix} 0 \\ 0 \\ 0 \end{pmatrix} + \lambda \cdot \begin{pmatrix} 1 \\ 1 \\ 1 \end{pmatrix} \qquad \text{also } \vec{u}_g = \vec{n}_e$$

❸ Man bringt die Gerade g mit der Ebene e zum Schnitt:

$$g \cap e = \{P\}: \quad \begin{pmatrix} 1 \\ 1 \\ 1 \end{pmatrix} \cdot \left[\begin{pmatrix} \lambda \\ \lambda \\ \lambda \end{pmatrix} \right] - 5 = 0 \qquad \textit{Einsetzungsverfahren}$$

$$\Leftrightarrow 3 \cdot \lambda - 5 = 0 \Leftrightarrow \lambda = \frac{5}{3} \qquad \textit{eingesetzt in g liefert dies}$$

❹ $\vec{p} = \begin{pmatrix} 5/3 \\ 5/3 \\ 5/3 \end{pmatrix}$, also $P\left(\frac{5}{3} \mid \frac{5}{3} \mid \frac{5}{3}\right)$ *als Lotfußpunkt auf der Ebene e*

Der Abstand dieses Punktes P vom Mittelpunkt M der Kugel ist zugleich der Abstand der Ebene e vom Kugelmittelpunkt M:

$$d = d(M; P) = d(M; e) = \sqrt{\left(\frac{5}{3}\right)^2 + \left(\frac{5}{3}\right)^2 + \left(\frac{5}{3}\right)^2} = \sqrt{\frac{75}{9}} = \frac{5}{3}\sqrt{3}$$

Ein Vergleich von d mit dem Radius r ergibt:

$$d = \frac{5}{3}\sqrt{3} \approx 2{,}89 < 5 = r$$

Ergebnis: Die Kugel und die Ebene **schneiden sich** (in einem Kreis).

Abstand: Selbst der Abstand a der Ebene e zur Kugel K kann hiermit berechnet werden:

$$a = d(e; K) = |\underbrace{d(M; e) - r}_{<0}| = r - d(M; e) = 5 - \frac{5}{3}\sqrt{3} \approx 2{,}1 \text{ LE.}$$

Aufgaben

10. Untersuchen Sie mithilfe der „4-Schritt-Strategie" aus dem Beispiel 3, Seite 47, ob die Ebene e die Kugel K schneidet oder berührt, oder ob e und K keinen gemeinsamen Punkt besitzen.

a) $e: 2x_1 + 2x_2 + x_3 = 3$ und $K: x_1^2 + x_2^2 + x_3^2 = 1$

b) $e: x_1 - x_2 + 7x_3 = 15$ und $K: (x_1 + 4)^2 + (x_2 - 1)^2 + (x_3 + 1)^2 = 7$

11. Untersuchen Sie, ob die Kugel K um den Ursprung mit dem Radius 7 die Ebene e schneidet, berührt oder keinen Punkt mit e gemeinsam hat.

a) $e: \vec{x} = \begin{pmatrix} 4 \\ 7 \\ 1 \end{pmatrix} + \lambda \begin{pmatrix} 1 \\ 1 \\ 1 \end{pmatrix} + \mu \begin{pmatrix} 1 \\ -1 \\ 2 \end{pmatrix}$

b) $e: 2x_1 + 3x_2 + 6x_3 = 49$

12. Untersuchen Sie, ob die Kugel K mit dem Mittelpunkt $M(2|1|-5)$ und dem Radius 3 die Ebene e schneidet, berührt oder „meidet".

$e: \begin{pmatrix} 3 \\ -1 \\ -2 \end{pmatrix} \bullet \left[\vec{x} - \begin{pmatrix} 4 \\ 7 \\ 1 \end{pmatrix} \right] = 0$.

Interaktiv 2.2
Lage Ebene - Kugel

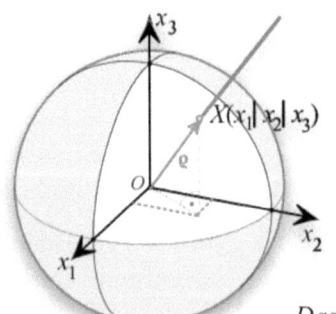

Das Kugelinnere

Zusammenfassung
(Ebene - Kugel)

Gegeben seien eine Ebene $e: n_1 x_1 + n_2 x_2 + n_3 x_3 - c = 0$ und eine Kugel K mit Mittelpunkt $M(m_1|m_2|m_3)$ und Radius r.

Der **Abstand des Mittelpunktes M der Kugel von der Ebene e** kann nach der Formel[1,2]

$$d = d(M; e) = \left| \frac{n_1 m_1 + n_2 m_2 + n_3 m_3 - c}{\sqrt{n_1^2 + n_2^2 + n_3^2}} \right|$$

berechnet werden.

- Ist dieser Abstand d kleiner als der Radius r, so besitzen e und K einen gemeinsamen **Schnittkreis** k.
- Ist dieser Abstand d gleich dem Radius r, so besitzen e und K genau einen gemeinsamen Punkt, den **Berührpunkt** B. Die Ebene e ist dann eine *Tangentialebene* der Kugel K.
- Ist dieser Abstand d größer als der Radius r, so besitzen e und K keine gemeinsamen Punkte.

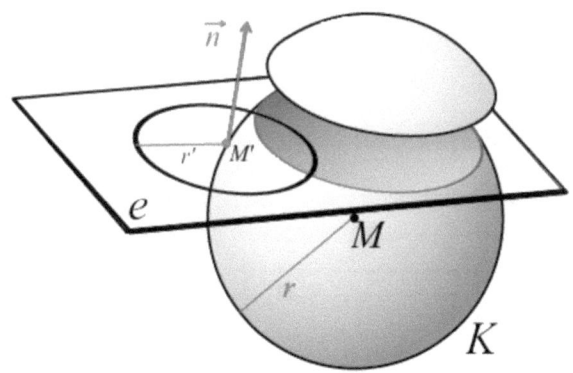

Ebene schneidet Kugel

---
[1] *Für „Formel-Fans".*
[2] *Angabe der Formel hier ohne Beweis; die Herleitung erfolgt über die Normalengleichung in HESSE-Form.*

2.3.3 Lagebeziehung von Kugel und Kugel

Bei zwei Kugeln gibt es 5 verschiedene *Lagebeziehungen*.

> Gegeben seien zwei Kugeln K und K' mit den Mittelpunkten M und M' und den Radien r und r'. Die Kugeln K und K'
> - besitzen einen **Schnittkreis** k für $|r - r'| < |\overline{MM'}| < r + r'$,
> - **berühren** sich für $|r - r'| = |\overline{MM'}|$ **von innen** und
>   für $|\overline{MM'}| = r + r'$ **von außen**,
> - **liegen** für $|r - r'| > |\overline{MM'}|$ **ineinander** und
>   für $|\overline{MM'}| > r + r'$ **auseinander**.

Anmerkung: Unterscheidet man beim Schneiden bzw. Durchdringen zweier Kugeln noch die Lage der beiden Kugelmittelpunkte, so gibt es sogar 6 verschiedene Lagebeziehungen: Wie schon bei 2 sich schneidenden Kreisen auf Seite 20 gezeigt, so ist dann auch bei 2 Kugeln im Fall 1 die Situation gegeben, wo der Mittelpunkt der einen Kugel im Außenbereich der jeweils anderen Kugel liegt. Im Fall 2 liegt der Mittelpunkt dann auf oder im Innern der jeweils anderen Kugel.

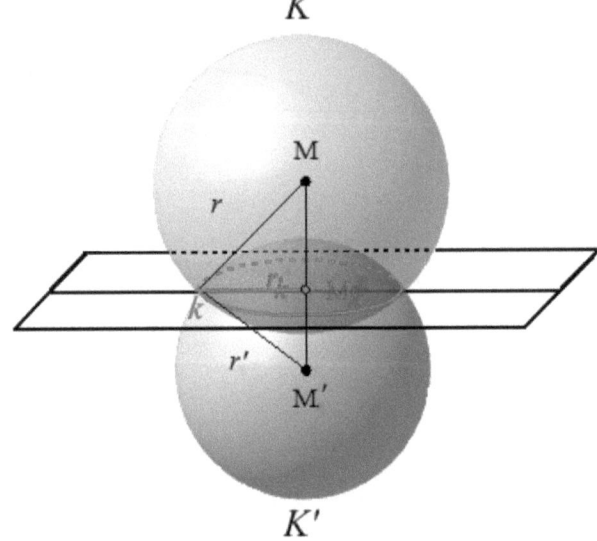

2 Kugel

Die *Berechnung eines Schnittkreises* soll kurz skizziert werden. **fakultativ**

Gegeben seien dazu zwei Kugeln durch ihre Koordinatengleichungen:

$$K: (x_1 - m_1)^2 + (x_2 - m_2)^2 + (x_3 - m_3)^2 = r^2$$
$$K': (x_1 - m_1')^2 + (x_2 - m_2')^2 + (x_3 - m_3')^2 = (r')^2$$

❶ Durch Auflösen der binomischen Terme und anschließendes Subtrahieren der beiden Koordinatengleichungen sowie Zusammenfassen und Ausklammern der Terme mit x_1 bzw. x_2 bzw. x_3 erhält man als Ergebnis die Ebenengleichung der *Schnittkreisebene* e_k:

$$e_k: n_1 x_1 + n_2 x_2 + n_3 x_3 = c.$$

❷ Man stellt die Gleichung der *Lotgeraden* g durch den Mittelpunkt M mit dem Normalenvektor $\vec{n}$ von e_k als Richtungsvektor auf:

$$g: \vec{x} = \vec{m} + \lambda \cdot \vec{n}$$

❸ Die Berechnung des Schnittpunkts von g und e_k (Einsetzungsverfahren) liefert den Mittelpunkt M_k des Schnittkreises k.

❹ Mit dem Radius r der Kugel K und dem Abstand $d = \left|\overline{MM_k}\right|$ errechnet sich der Radius r_k des Schnittkreises k nach dem Satz von PYTHAGORAS:

$$r^2 = r_k^2 + d^2 \quad \Rightarrow \quad r_k = \sqrt{r^2 - d^2}.$$

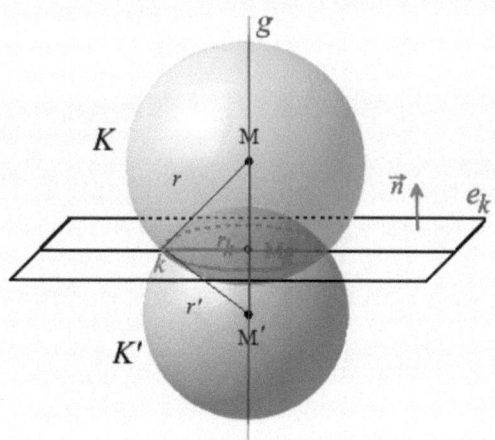

Auch hier kann also die „4-Schritt-Strategie" eingesetzt werden.

2 Kugel

Beispiel **Berechnung des Berührpunktes zweier Kugeln**

Im Falle, dass sich zwei Kugeln berühren, ermittelt man den gemeinsamen Berührpunkt, indem man die Gleichung der Geraden g durch die Mittelpunkte M und M' aufstellt und durch Einsetzen in eine der beiden Kugelgleichungen zunächst den Parameter und daraus die gesuchten Koordinaten des Berührpunktes erhält.

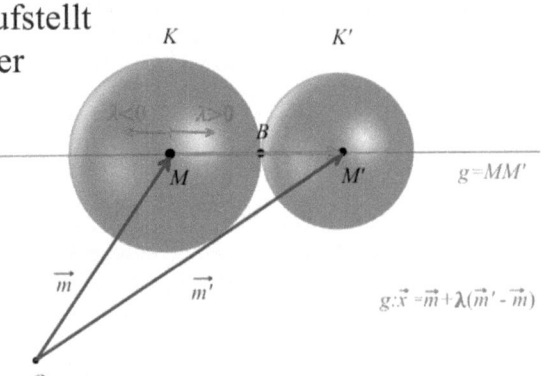

$K: (x_1 - 1)^2 + x_2^2 + (x_3 - 4)^2 = 1 \quad M(1|0|4)\ ;\ r = 1$

$K': (x_1 - 3)^2 + (x_2 + 1)^2 + (x_3 - 6)^2 = 4 \quad M'(3|-1|6)\ ;\ r' = 2$

Gerade g, auf der die zwei Mittelpunkte M und M' liegen:

$$g: \vec{x} = \begin{pmatrix} 1 \\ 0 \\ 4 \end{pmatrix} + \lambda \cdot \begin{pmatrix} 2 \\ -1 \\ 2 \end{pmatrix} = \begin{pmatrix} 1 + 2\lambda \\ -\lambda \\ 4 + 2\lambda \end{pmatrix}$$

Einsetzen in die Gleichung von K:

$(1 + 2\lambda - 1)^2 + (-\lambda)^2 + (4 + 2\lambda - 4)^2 = 1$

$\Leftrightarrow (2\lambda)^2 + (-\lambda)^2 + (2\lambda)^2 = 1$

$\Leftrightarrow 9\lambda^2 = 1 \quad \Leftrightarrow \quad \lambda^2 = \dfrac{1}{9} \quad \Leftrightarrow \quad \lambda = \pm \dfrac{1}{3}$

Die Lösung $\lambda = -1 < 0$ scheidet hier aus, da der Berührpunkt zwischen den Mittelpunkten M und M' liegen muss.

Das heißt, dass $\lambda = \dfrac{1}{3}$ die Lösung ist und die Koordinaten des gesuchten Berührpunktes B durch Einsetzen in g liefert:

$$B\left(\dfrac{5}{3}\left|-\dfrac{1}{3}\right|\dfrac{14}{3}\right).$$

2.4 Abstände

2.4.1 Abstand Punkt - Mittelpunkt der Kugel

Für die Berechnung des **Abstandes eines beliebigen Punktes** $P(p_1|p_2|p_3)$ **des Raumes** $\mathbb{R}^3$ **von dem Mittelpunkt** $M(m_1|m_2|m_3)$ **einer Kugel** K mit dem Radius r gilt die bekannte Abstandsformel:

$$d = d(P;M) = \left|\overrightarrow{PM}\right| = \left|\vec{m} - \vec{p}\right| = \sqrt{(m_1 - p_1)^2 + (m_2 - p_2)^2 + (m_3 - p_3)^2}$$

Beispiel Abstand Punkt - Kugelmittelpunkt

Gegeben sind eine Kugel $K: \left(\vec{x} - \begin{pmatrix} 4 \\ 3 \\ -1 \end{pmatrix}\right)^2 = 5^2$ sowie der Punkt $P(1|-1|4)$.

Dann errechnet sich der Abstand $d = d(P;M)$ wie folgt:

$d = \sqrt{(4-1)^2 + (3-(-1))^2 + (-1-4)^2} = \sqrt{9 + 16 + 25} = \sqrt{50} = 5\sqrt{2}$ (LE).

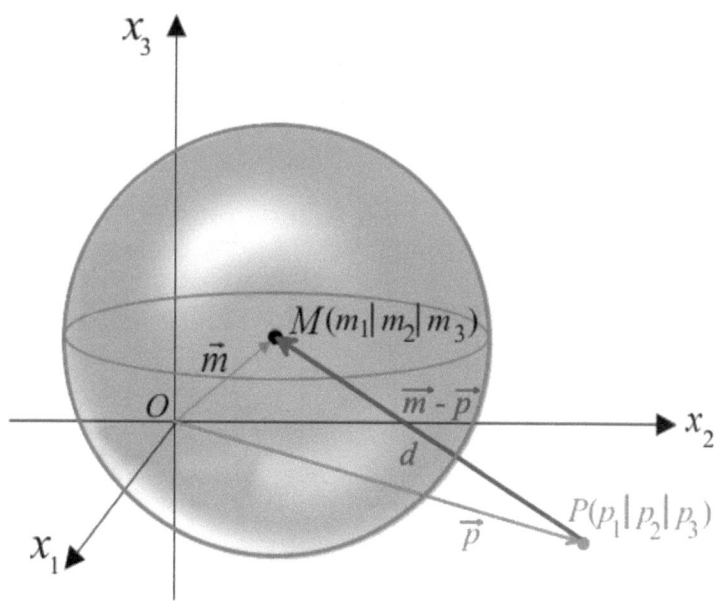

2.4.2 Abstand Punkt - Kugel

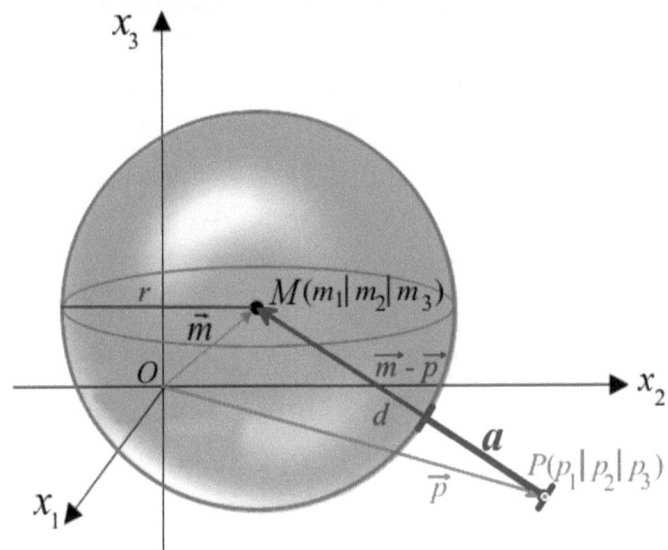

Für die Berechnung des **Abstandes eines beliebigen Punktes** $P(p_1|p_2|p_3)$ **des Raumes** $\mathbb{R}^3$ **von der Kugel** K mit dem Mittelpunkt $M(m_1|m_2|m_3)$ und dem Radius r gilt die Abstandsformel:

$$a = d(P;K) = \left|\overrightarrow{PM}\right| - r = \left|\vec{m} - \vec{p}\right| - r = \sqrt{(m_1 - p_1)^2 + (m_2 - p_2)^2 + (m_3 - p_3)^2} - r$$

Für das Beispiel von 2.4.1 lässt sich damit der Abstand von P zur Kugel K berechnen:

Beispiel   Abstand Punkt - Kugel

Gegeben sind eine Kugel $K: \left(\vec{x} - \begin{pmatrix} 4 \\ 3 \\ -1 \end{pmatrix}\right)^2 = 5^2$ sowie der Punkt $P(1|-1|4)$.

Dann errechnet sich der Abstand $a = d(P;K)$ wie folgt:

$$a = \sqrt{(4-1)^2 + (3-(-1))^2 + (-1-4)^2} - 5 = \sqrt{9 + 16 + 25} - 5$$
$$= \sqrt{50} - 5 = 5\sqrt{2} - 5 = 5 \cdot (\sqrt{2} - 1) \approx 2{,}1 \text{ (LE)}.$$

2.4.3 Abstand Gerade - Kugel

Der **Abstand a einer Geraden zu einer Kugel** lässt sich sehr einfach ermitteln, wenn der Abstand $d = d(P; M) = d(g; M)$ vom *Lotfußpunkt P* auf der Geraden zum Mittelpunkt M der Kugel bereits berechnet wurde, so wie in Abschnitt 2.3.1 bzw. auf Seite 54 („*4-Schritt-Strategie*") beschrieben. Die Figur unten zeigt noch einmal für die verschiedenen Lagebeziehungen einer Geraden zu einer Kugel als Tangente t, als Passante h und als Sekante g die zugehörigen „Lotfußpunkte" P_t, P_h bzw. P_g.

> Der **Abstand a der** (jeweiligen) **Geraden zur Kugel K** errechnet sich dann stets nach derselben Formel:
> $$a = d(g; K) = |d - r|,$$
> wobei $d = d(P; M) = d(Gerade; M)$ und r der Kugelradius ist.

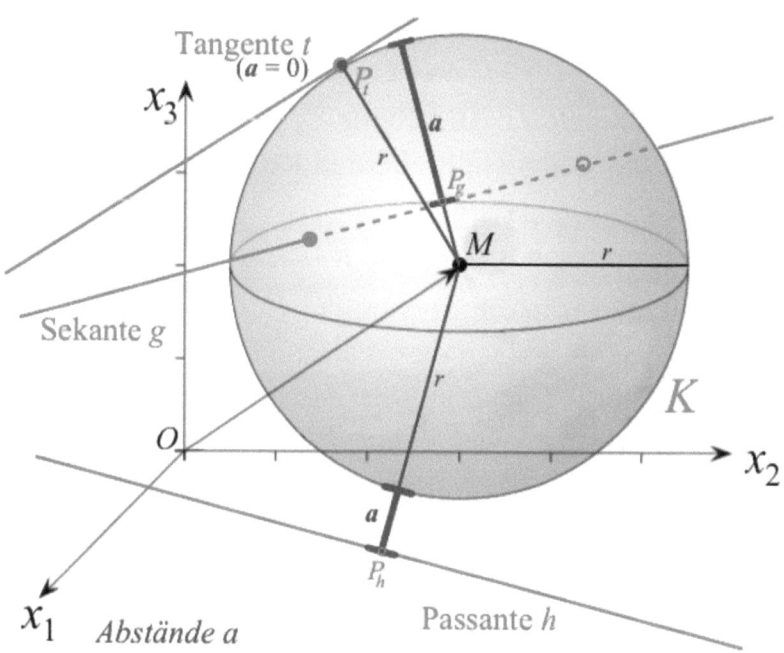

Vorgehensweise (Gerade - Kugel)
4-Schritt-Strategie

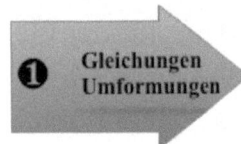 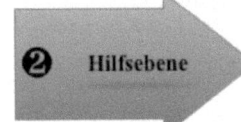 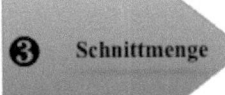 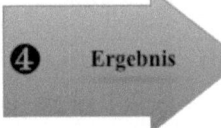

Um die gegenseitige **Lage von Kugeln und Geraden** zu ermitteln, empfiehlt sich die folgende Vorgehensweise nach der „**4-Schritt-Strategie**":
Ausgangssituation: *Gegeben sind im $\mathbb{R}^3$ eine Kugel und eine Gerade. Gesucht ist deren Lagebeziehung und eventuell der Abstand Gerade - Kugel.*

❶ Gleichungen mit Daten $\quad g: \vec{x} = \vec{a} + \lambda \cdot \vec{u}\ $ oder $\ g: \vec{x} = \vec{a} + \lambda \cdot (\vec{b} - \vec{a})$
$K: (\vec{x} - \vec{m})^2 = r^2\ $ oder $\ K: (x_1 - m_1)^2 + (x_2 - m_2)^2 + (x_3 - m_3)^2 = r^2$
Die Gleichung der Geraden g in Punktrichtungsform und die der Kugel K in eine Mittelpunktsform umformen. $\vec{u}$, M und r ermitteln.

❷ Hilfsebene e_H $\qquad\qquad e_H: \vec{u} \bullet (\vec{x} - \vec{m}) = 0$
Es wird die Gleichung der Hilfsebene e_H mit dem Richtungsvektor $\vec{u}$ als Normalenvektor aufgestellt, die den Kugelmittelpunkt M enthält.

❸ Schnittmenge Gerade - Hilfsebene $\qquad g \cap e_H = \{P\}$
Zur Berechnung des Schnittpunktes P von Gerade g und H-Ebene e_H wird der Geradenterm in die Ebenengleichung eingesetzt und die resultierende Gleichung nach dem Parameter λ aufgelöst. Einsetzen von λ in die Gleichung der Geraden g ergibt den Ortsvektor $\vec{p}$ des „Lotfußpunktes" P auf der Geraden g.

❹ Ergebnis
Der Abstand d des Kugelmittelpunktes M zu P ist gleich seinem Abstand $d(M; g)$ zur Geraden g. Durch Vergleich dieses Abstandes mit dem Radius r der Kugel ergibt sich die genaue Lage der Geraden zur Kugel. Der **Abstand a** Gerade-Kugel berechnet sich aus:
$a = d(M; g) - r$, falls g und K sich berühren ($a = 0$) oder „meiden",
$a = r - d(M; g)$, falls g und K sich schneiden.

2.4.4 Abstand Ebene - Kugel

Der **Abstand a einer Ebene zu einer Kugel** lässt sich sehr einfach ermitteln, wenn der Abstand $d = d(P; M) = d(e; M)$ vom *Lotfußpunkt P* auf der Ebene e zum Mittelpunkt M der Kugel bereits berechnet wurde, so wie in Abschnitt 2.3.2 bzw. auf Seite 56 („*4-Schritt-Strategie*") beschrieben. Die Figur unten zeigt noch einmal für die verschiedenen Lagebeziehungen einer Ebene zu einer Kugel die zugehörigen „Lotfußpunkte" P sowie die einzelnen Abstände a.

> Der **Abstand a der Ebene e zur Kugel K** errechnet sich nach der Formel:
> $$a = d(e; K) = \big|d - r\big|\ ,$$
> wobei $d = d(P; M) = d(e; M)$ und r der Kugelradius ist.

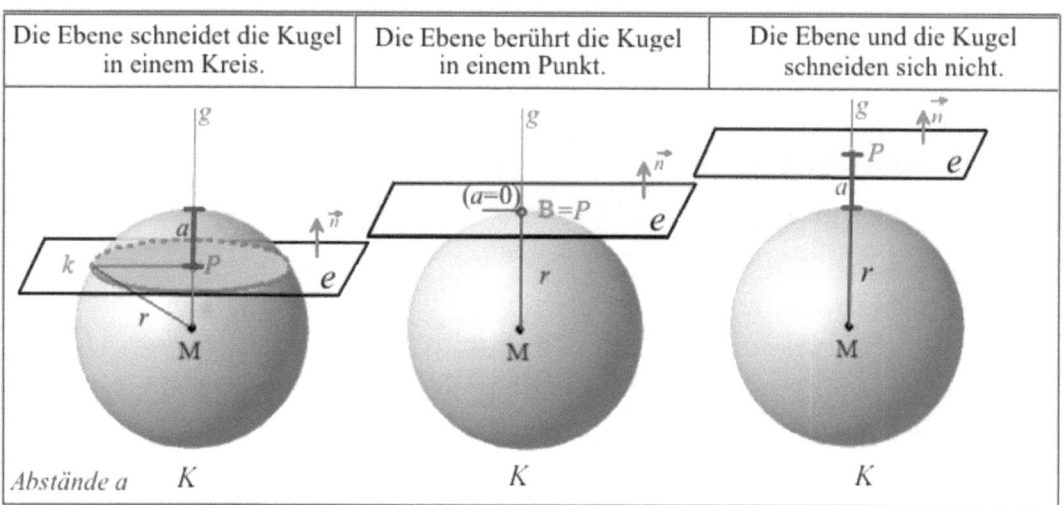

| Die Ebene schneidet die Kugel in einem Kreis. | Die Ebene berührt die Kugel in einem Punkt. | Die Ebene und die Kugel schneiden sich nicht. |

Abstände a

Beispiel   Bestimmung des Abstandes von Ebene und Kugel
☞   **Beispiel 3 (Seite 47).**

Vorgehensweise (Ebene - Kugel)
4-Schritt-Strategie

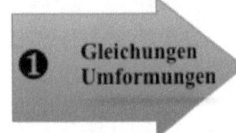 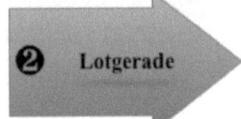 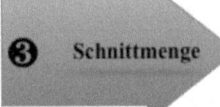 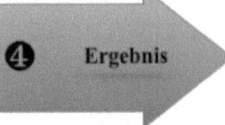

① Gleichungen Umformungen   ② Lotgerade   ③ Schnittmenge   ④ Ergebnis

Um die gegenseitige **Lage von Kugeln und Ebenen** zu ermitteln, empfiehlt sich die folgende Vorgehensweise nach der „**4-Schritt-Strategie**":

Ausgangssituation: *Gegeben sind im $\mathbb{R}^3$ eine Kugel und eine Ebene. Gesucht ist deren Lagebeziehung und eventuell der Abstand Ebene - Kugel.*

❶ **Gleichungen mit Daten** $e: \vec{n} \bullet \vec{x} - c = 0$ oder $n_1 x_1 + n_2 x_2 + n_3 x_3 - c = 0$
   $K: (\vec{x} - \vec{m})^2 = r^2$ oder $K: (x_1 - m_1)^2 + (x_2 - m_2)^2 + (x_3 - m_3)^2 = r^2$
   Die Gleichung der Ebene e in eine Normalenform und die der Kugel K in eine Mittelpunktsform umformen. $\vec{n}$, M und r ermitteln.

❷ **Lotgerade** $g: \vec{x} = \vec{m} + \lambda \cdot \vec{n}$
   Es wird die Gleichung der Lotgeraden g durch den Kugelmittelpunkt M mit dem Normalenvektor $\vec{n}$ als Richtungsvektor aufgestellt.

❸ **Schnittmenge Lotgerade - Ebene** $g \cap e = \{P\}$
   Zur Berechnung des Schnittpunktes P von Lotgerade g und Ebene e wird der Geradenterm in die Ebenengleichung eingesetzt und die resultierende Gleichung nach dem Parameter λ aufgelöst.
   Einsetzen von λ in die Gleichung der Lotgeraden g ergibt den Ortsvektor $\vec{p}$ des „Durchstoßpunktes" P auf der Ebene e.

❹ **Ergebnis**
   Der Abstand d des Kugelmittelpunktes M zu P ist gleich seinem Abstand $d(M; e)$ zur Ebene e. Durch Vergleich dieses Abstandes mit dem Radius r der Kugel ergibt sich die genaue Lage der Ebene zur Kugel.
   Der **Abstand a** Ebene-Kugel berechnet sich aus:
   $a = d(M; e) - r$, falls e und K sich berühren ($a = 0$) oder „meiden",
   $a = r - d(M; e)$, falls e und K sich in einem Kreis schneiden.

2 Kugel

Aufgaben

13. Bestimmen Sie den Abstand der Ebene e von der Kugel K in der Aufgabe 10 auf der Seite 48.

14. Die Kugel $K: (x_1 - 3)^2 + (x_2 + 1)^2 + (x_3 - 2)^2 = 20$ wird mit einer Ebene $e: x_3 = c$ ($c \in \mathbb{R}$) geschnitten. Für welche Werte von c ist die Schnittmenge

    a) ein Kreis mit $r > 0$ b) ein Kreis mit $r = 0$ c) leer ?

15. Welche Kugel mit dem Mittelpunkt $M(1|-2|0)$ berührt die Ebene

    $$e: \vec{x} = \begin{pmatrix} 1 \\ 0 \\ 1 \end{pmatrix} + \lambda \begin{pmatrix} 1 \\ 0 \\ 2 \end{pmatrix} + \mu \begin{pmatrix} 0 \\ 1 \\ -1 \end{pmatrix} \quad ?$$

16. Berechnen Sie den Abstand der Ebene

    $$e: x_1 + 4x_2 - 6x_3 = 18$$

    von der Kugel K mit Mittelpunkt $M(3|-2|5)$ und Radius $r = \sqrt{53}$, und interpretieren Sie das Ergebnis.

2.4.5 Abstand Kugel - Kugel

Wie schon bei der Berechnung des Abstandes zweier Kreise auf Seite 27 gezeigt, kann analog dazu auch bei der **Berechnung des Abstandes zweier Kugeln** vorgegangen werden.

Gegeben seien zwei Kugeln im Raum:
$$K: (x_1 - m_1)^2 + (x_2 - m_2)^2 + (x_3 - m_3)^2 = r^2 \quad \text{und}$$
$$K': (x_1 - m_1')^2 + (x_2 - m_2')^2 + (x_3 - m_3')^2 = (r')^2$$

Man berechnet den Abstand der beiden Mittelpunkte M und M' und vergleicht diesen mit der Summe bzw. der Differenz beider Kugelradien r und r'.

Ist der Abstand der Mittelpunkte größer als die Summe der Radien, liegen die Kugeln auseinander, beide Kugeln haben keinen Punkt gemeinsam. Der Abstand der Kugeln berechnet sich dann über den Abstand der Kugelmittelpunkte, abzüglich der beiden Radien.

Ist der Abstand der Mittelpunkte kleiner als die Differenz der Radien, liegt eine Kugel innerhalb der zweiten. Den Abstand der Kugeln berechnet man, indem man vom größeren Radius den kleinen Radius sowie den Abstand der Mittelpunkte abzieht.

In allen anderen Fällen schneiden oder berühren sich die Kugeln.

(Man vergleiche auch die Darstellungen und Lagebeziehungen zweier Kreise auf Seite 20.)

Ist $\left|\overline{MM'}\right| > r + r'$ oder $0 \leq \left|\overline{MM'}\right| < \left|r - r'\right|$, so besitzen K und K' **keinen gemeinsamen Punkt**.

2 Kugel

Für die Berechnung des **Abstandes zweier Kugeln K und K' des Raumes $\mathbb{R}^3$** mit den Mittelpunkten $M(m_1|m_2|m_3)$ und $M'(m_1'|m_2'|m_3')$ und den Radien r und r' gelten die Abstandsformeln:

❶ Liegt Kugel K ganz außerhalb der Kugel K', d.h. gilt für den Abstand ihrer Mittelpunkte $d(M; M') = |\overrightarrow{MM'}| > r + r'$, so berechnet sich der **Abstand a der Kugeln** nach der Formel
$$a = d(K, K') = |\overrightarrow{MM'}| - (r + r').$$

❷ Liegt Kugel K' ganz im Innern von K (oder umgekehrt), d.h. gilt für den Abstand der Mittelpunkte $0 \leq |\overrightarrow{MM'}| < |r - r'|$, so berechnet sich der **Abstand a der Kugeln** nach der Formel:
$$a = d(K, K') = |r - r'| - |\overrightarrow{MM'}|.$$

Dabei gilt für den Abstand der Mittelpunkte der Kugeln
$$d = d(M; M') = |\overrightarrow{MM'}| = |\vec{m}' - \vec{m}| = \sqrt{(m_1' - m_1)^2 + (m_2' - m_2)^2 + (m_3' - m_3)^2}$$

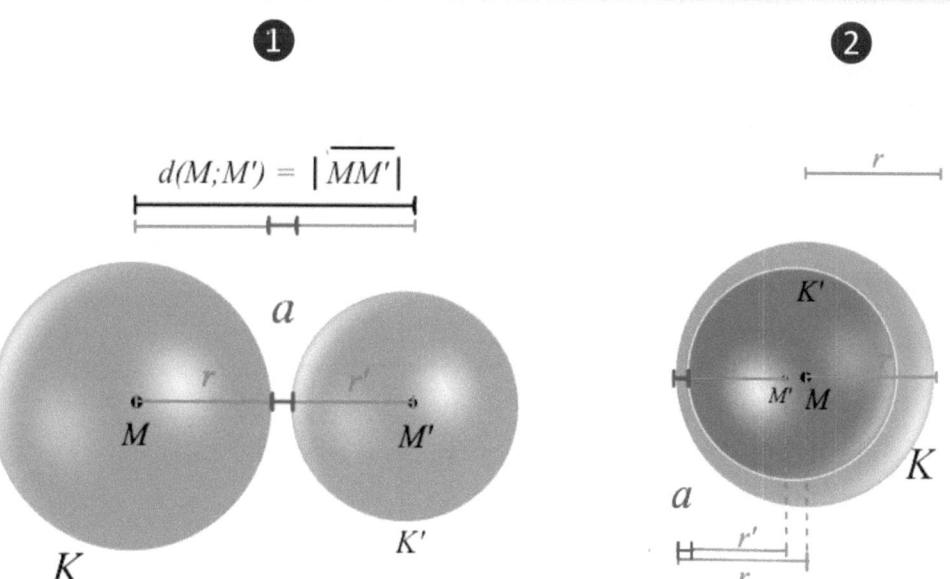

2 Kugel

Beispiel 1   **Lage und Abstand zweier Kugeln**

Gegeben sind die beiden Kugel K und K' mit

$$K: \vec{x}^2 = 4 \qquad \text{und } K': \left[\vec{x} - \begin{pmatrix} 2 \\ 1 \\ -2 \end{pmatrix}\right]^2 = 1$$

Damit ergeben sich folgende Mittelpunkte und Radien der Kugeln:
$M(0|0|0)$ und $M'(2|1|-2)$; $r = 2$ und $r' = 1$.

Zunächst wird der *Abstand d der Mittelpunkte M und M' der Kugeln* ermittelt:

$$d = d(M; M') = \left|\overline{MM'}\right| = \sqrt{2^2 + 1^2 + (-2)^2} = \sqrt{9} = 3$$

Ein Vergleich von $d = 3$ mit der Summe bzw. der Differenz der Kugelradien ergibt:

$r + r' = 3$ und $|r - r'| = 1$, d.h. $d = \left|\overline{MM'}\right| = r + r' = 3$.

Daraus folgt, dass die beiden Kugeln K und K' sich von außen berühren mit dem Abstand $a = 0$.

Beispiel 2   **Abstand zweier Kugeln**

Gegeben sind die beiden Kugel K und K' mit

$$K: \left[\vec{x} - \begin{pmatrix} 9 \\ 1 \\ -10 \end{pmatrix}\right]^2 = 81 \qquad \text{und } K': \left[\vec{x} - \begin{pmatrix} 7 \\ -4 \\ 4 \end{pmatrix}\right]^2 = 25$$

Damit ergeben sich folgende Mittelpunkte und Radien der Kugeln:
$M(9|1|-10)$ und $M'(7|-4|4)$; $r = 9$ und $r' = 5$.

Zunächst wird der *Abstand d der Mittelpunkte der Kugeln* ermittelt:

$$d = \left|\overline{MM'}\right| = \sqrt{(7-9)^2 + (-4-1)^2 + (4-(-10))^2} = \sqrt{225} = 15$$

Ein Vergleich von $d = 15$ mit der Summe bzw. der Differenz der Kugelradien ergibt:

$r + r' = 14$ und $|r - r'| = 4$, d.h. $\left|\overline{MM'}\right| = 15 > r + r' = 14$.

Die Kugeln durchdringen sich nicht; ihr Abstand beträgt $a = 1$ (LE).

$a = d(K, K') = \left|\overline{MM'}\right| - (r + r') = 15 - 14 = 1$.

2.5 Abituraufgabenteile

1. (Bayern Gymnasium 2010, Grundkurs)

In einem kartesischen Koordinatensystem mit Ursprung O sind die Punkte

$A(7|5|1), B(2|-5|6), C(2|-5|1)$ und die Gerade $g: \vec{x} = \vec{a} + \lambda \cdot \begin{pmatrix} 1 \\ 2 \\ 0 \end{pmatrix}, \lambda \in \mathbb{R}$,

gegeben.

M ist der Mittelpunkt der Strecke $\overline{AB}$. K ist die Kugel mit Mittelpunkt M und Radius $\frac{1}{2}|\overline{AB}|$. Begründen Sie, dass die Gerade g die Kugel K in den Punkten A und C schneidet.

2. (Bayern Gymnasium 2009, Leistungskurs)

Gegeben ist in einem kartesischen Koordinatensystem des $\mathbb{R}^3$ die Ebene e, die parallel zur x_3-Achse ist und die Punkte $A(-2|1,5|6)$ und $B(0|3|0)$ enthält.

a) Berechnen Sie eine Gleichung der Ebene e in Normalenform.
   [Zur Kontrolle: $e: 3x_1 - 4x_2 + 12 = 0$]

b) Die Kugel K mit dem Mittelpunkt $M(3|-1|0)$ berührt die Ebene e. Berechnen Sie die Koordinaten des Berührpunkts und den Radius r der Kugel.
   [Teilergebnis: $r = 5$]

c) Die Punktspiegelung der Kugel K am Punkt A ergibt die Kugel K'. Bestimmen Sie die Koordinaten des Mittelpunkts M' der Kugel K' und geben Sie deren Radius r' an.
   [Teilergebnis: $M'(-7|4|12)$]

3. (Bayern Gymnasium 2001, Grundkurs)

Gegeben sind in einem kartesischen Koordinatensystem die Ebene $e: 2x_1 + 6x_2 + 3x_3 = 60$, der Schnittpunkt $S_3(0|0|20)$ von e mit der x_3-Achse und der Lotfußpunkt $L(3|9|0)$ des Lotes von S_3 auf die Gerade S_1S_2 durch die beiden anderen Spurpunkte.

Eine Kugel mit Radius 7 berührt die Ebene e im Punkt S_3.

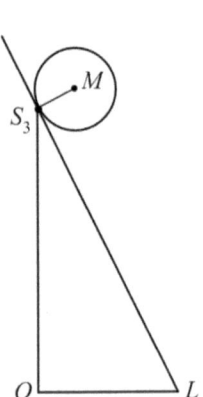

a) Bestimmen Sie die Koordinaten der möglichen Kugelmittelpunkte.

Im Folgenden wird der Fall betrachtet, dass die Kugel zunächst den Mittelpunkt $M(2|6|23)$ hat (siehe Skizze) und dann auf der Ebene e so rollt, dass ihre Spur auf der Halbgeraden $S_3L]$ liegt.

b) Bestimmen Sie die Gleichung der Geraden m, auf der sich der Kugelmittelpunkt bewegt.

Skizze nicht maßstabsgetreu

Die Kugel erreicht schließlich die x_1x_2-Ebene und rollt auf dieser weiter.

c) Berechnen Sie den Schnittpunkt T der Geraden m (siehe Teilaufgabe b) mit der zur x_1x_2-Ebene parallelen Ebene, in der sich nun der Kugelmittelpunkt bewegt. [Zur Kontrolle: $T(4,4 | 13,2 | 7)$]

d) Bestimmen Sie den letzten Berührpunkt B, den die Kugel mit dem beschriebenen Abrollvorgang mit der Ebene e hatte.

e) Legen Sie ein Koordinatensystem an und tragen Sie das Dreieck $S_1S_2S_3$ mit $S_1(30|0|0)$, $S_2(0|10|0)$, $S_3(0|0|20)$ und die Gerade $g = S_3L$ ein.

Markieren Sie in der Zeichnung mit Farbe die Spur, welche die Kugel auf der Ebene e hinterließ.

2 Kugel

4. (Sachsen-Anhalt Gymnasium 2003, Leistungskurs)

Um ein Objekt zu schützen, wurde ein Überwachungssystem installiert, das ein Signal gibt, wenn ein Flugkörper in einen Bereich K einfliegt, der die Form einer Halbkugel H besitzt.

Die Beschreibung erfolgt in einem kartesischen Koordinatensystem; eine Einheit entspricht einem Kilometer, die x_1x_2-Ebene sei die Horizontalebene auf Meereshöhe.

$$H: x_1^2 + x_2^2 + x_3^2 + 12x_1 - 14x_2 - x_3 - 45{,}75 = 0, \qquad x_1, x_2, x_3 \in \mathbb{R}, \quad x_3 \geq 0{,}5$$

a) Das Objekt liegt im Mittelpunkt M der Halbkugel H.

Ermitteln Sie die Koordinaten des Punktes M sowie die Entfernung von M, bei der ein Flugkörper ein Signal auslöst.

Im Rahmen einer Überprüfung des Überwachungssystems werden die nachfolgenden Situationen angenommen.

b) Ein sich geradlinig gleichförmig auf den Bereich K hin bewegender Flugkörper sei im Punkt $A(29|36|9{,}5)$ und nach 7 Sekunden im Punkt $B(21|26|7{,}5)$ geortet worden.

Stellen Sie eine Gleichung der Geraden AB auf.

Berechnen Sie die Koordinaten des Punktes S, in dem dieser Flugkörper bei Weiterflug mit konstanter Geschwindigkeit und ohne Richtungsänderung ein Signal auslösen würde und die Zeit, die bis zur Signalauslösung seit der letzten Ortung vergeht.

Ermitteln Sie die kürzeste Entfernung, in der der Flugkörper bei Fortsetzung dieses Fluges ohne Richtungsänderung am Objekt (Punkt M, siehe Aufgabe a) vorbeifliegen würde.

2 Kugel

5. (Bayern Gymnasium 2007, Leistungskurs)

   Gegeben sind in einem kartesischen Koordinatensystem des $\mathbb{R}^3$ die Kugel K mit dem Mittelpunkt $M(1|2|3)$ und dem Radius $r = 6$ und die Ebene e mit $e: -x_1 + x_2 + 2x_3 - 1 = 0$. Die Ebene e schneidet die Kugel K in einem Kreis k_s mit dem Mittelpunkt N und dem Radius r_s.

   a) Berechnen Sie die Koordinaten von N und den Radius r_s.

   [Ergebnis: $N(2|1|1)$; $r_s = \sqrt{30}$]

   b) Zeigen Sie, dass der Punkt $R(3|6|-1)$ auf dem Schnittkreis k_s liegt, und stellen Sie eine Gleichung der Tangentialebene T auf, die die Kugel K im Punkt R berührt.

   [Mögliches Teilergebnis: $T: x_1 + 2x_2 - 2x_3 - 17 = 0$]

   c) Die Ebene e und die Tangentialebenen an die Kugel K in allen Punkten des Schnittkreises k_s mit dem Mittelpunkt N begrenzen einen geraden Kreiskegel.
   Berechnen Sie das Volumen dieses Kegels.

6. (Bayern Gymnasium 2006, Leistungskurs)

   In einem kartesischen Koordinatensystem des $\mathbb{R}^3$ ist die Ebene e mit $e: x_2 - x_3 - 1 = 0$ Tangentialebene an zwei Kugeln K_1 und K_2 mit den Radien $5\sqrt{2}$, deren Mittelpunkte M_1 und M_2 auf der Geraden h liegen:

   $h: \vec{x} = \begin{pmatrix} 2 \\ 1 \\ 2 \end{pmatrix} + \lambda \cdot \begin{pmatrix} 0 \\ -1 \\ 2 \end{pmatrix}$

   a) Bestimmen Sie die Koordinaten von M_1 und M_2. (Der Punkt mit ausschließlich ganzzahligen Koordinaten wird mit M_1 bezeichnet.)

   [Teilergebnis: $M_1(2|5|-6)$]

   b) Die Kugelpunkte $P \in K_1$ und $Q \in K_2$ sind diejenigen Punkte, die minimale Distanz voneinander haben. Berechnen Sie die Entfernung $|\overline{PQ}|$ auf zwei Dezimalen gerundet.

2.6 Fluglinien auf Großkreisen E fakultativ

Großkreise

Ein **Großkreis** ist ein größtmöglicher *Kreis* auf einer *Kugel K*, genauer auf einer *Kugeloberfläche*. Sein Mittelpunkt M fällt stets mit dem Mittelpunkt M der Kugel zusammen. Die Ebene e, die den Großkreis enthält, teilt die Kugel K immer in zwei (gleich große) Kugelhälften.

Es gibt für jede Kugel (also auch für die „Erdkugel") unendlich viele Großkreise, da es ja unendlich viele Möglichkeiten gibt, eine Kugel so zu zerschneiden, dass die Schnittebene den Kugelmittelpunkt M trifft.

Großkreise haben eine besondere Bedeutung in der Geographie, in der Schifffahrt und auch in der Luftfahrt. Auch bei der Festlegung der Zeitzonen auf der Erde hat man sich an Großkreisen orientiert.

Unter der Vielzahl der Großkreise im geografischen Koordinatensystem der Erde sind folgende *Sonderfälle* von besonderer Bedeutung:

1. Der **Äquator** ist der Großkreis, der die Erdkugel in der Mitte zwischen Nord- und Südpol trennt.

2. Die **Längenkreise** gehen durch den Nord- und durch den Südpol. Auf ihnen liegen die **Meridiane**, die sich jeweils vom Nord- zum Südpol erstrecken. Besonders hervorzuheben ist hierbei der *Nullmeridian* (0°) und der 180°-Meridian. Die Meridiane werden auch **Längengrade** genannt.

3. Bei den so genannten **Breitenkreisen** ist nur der Äquator ein Großkreis; alle übrigen Breitenkreise sind „Parallelkreise" zum Äquator, sie sind „kleiner" als der maximale Kugelumfang. Sie heißen daher gelegentlich auch Neben- oder *Kleinkreise*.

4. Der kürzeste Weg auf einer Kugeloberfläche zwischen zwei verschiedenen Punkten A und B ist immer ein Teilstück eines Großkreises (genannt *Orthodrome*).

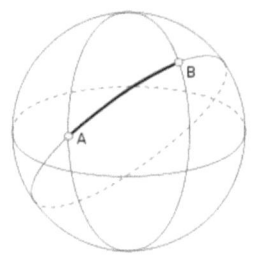

In der Luftfahrt fliegt man meist entlang solcher Orthodrome, um die geringste Flugstrecke zurücklegen zu müssen.

5. **Orthodrome und Loxodrome**

Vergleich der Flugroute (Frankfurt/Main nach Los Angeles) auf dem Großkreis (gelbe Linie, Orthodrom) und der „direkten" Linie (violette Linie, Loxodrom) auf dem Globus und auf einer „normalen" Karte:

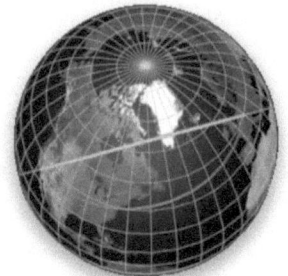 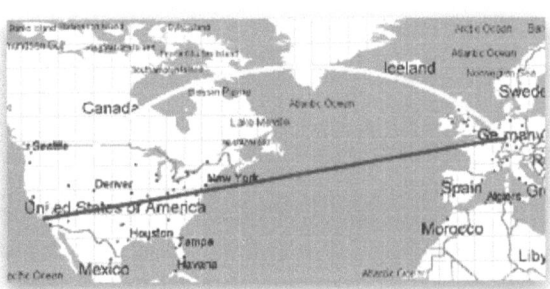

Die **Orthodrome**[1] ist als kürzeste Verbindung zweier Punkte auf einer Kugeloberfläche stets ein Teilstück eines Großkreises (genannt Hauptbogen).

Die **Loxodrome**[2] ist eine Kurve auf einer Kugeloberfläche (z.B. der Erdoberfläche), die die Meridiane im Geographischen Koordinatensystem immer unter dem gleichen Winkel schneidet (Kurve konstanten Kurses).

---

[1] **griech.** orthos für „gerade" und dromos für „Lauf"

[2] **griech.** loxos für „schief" und dromos für „Lauf"

6. Geographische Länge und Geographische Breite

Auf der Erdkugel werden Orte durch 2 **Kugelkoordinaten** angegeben, der **geographischen Länge** λ, das ist der Winkel zwischen dem (willkürlich festgelegten und durch *Greenwich* in der Nähe von London verlaufenden) Nullmeridian und dem Ortsmeridian und
der **geographische Breite** φ, das ist der Winkel, um den man den vom Erdmittelpunkt ausgehenden Vektor aus der Äquatorebene drehen muss, um zum Breitenkreis des Ortspunkts P zu gelangen.

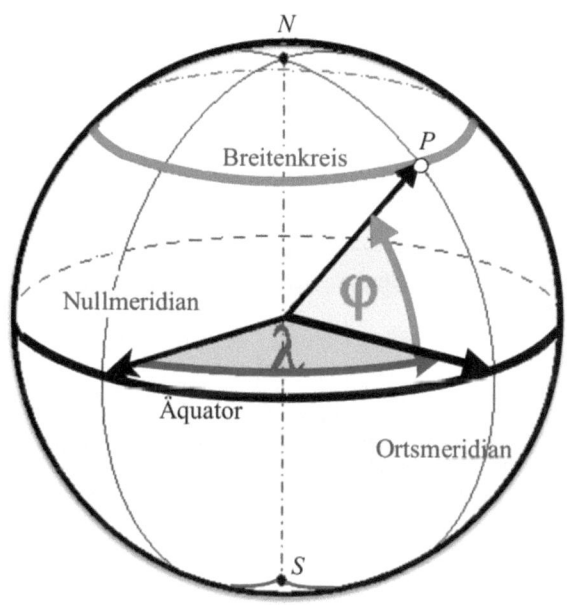

Beispiele

München	: $\lambda_M = 11{,}58°$E o.L.	$\varphi_M = 48{,}14°$N	(n.B.)
Kapstadt	: $\lambda_K = 18{,}42°$E o.L.	$\varphi_K = -33{,}93°$S	(s.B.)
Greenwich	: $\lambda_G = \pm 0{,}00°$ E/W	$\varphi_G = 51{,}48°$N	(n.B.)
Frankfurt/Main	: $\lambda_F = 8{,}56°$E o.L.	$\varphi_F = 50{,}06°$N	(n.B.)
New York	: $\lambda_{NY} = -74{,}00°$W w.L.	$\varphi_{NY} = 40{,}72°$N	(n.B.)
Los Angeles	: $\lambda_{LA} = -118{,}25°$W w.L.	$\varphi_{LA} = 34{,}05°$N	(n.B.)

7. Kugelkoordinaten und kartesische Koordinaten

In *Kugelkoordinaten oder räumlichen Polarkoordinaten* wird ein Punkt P im Raum durch seinen Abstand vom Ursprung und durch zwei Winkel angegeben. Bei Punkten auf einer Kugeloberfläche (Sphäre) ist der Abstand vom Ursprung (Kugelmittelpunkt) konstant.

Für die **Erde** heißt dies: $P(r|\varphi|\lambda)$, wobei $r = 6371\ km$ der Erdradius ist, φ und λ die geographische Breite bzw. Länge des Ortspunktes P ist.

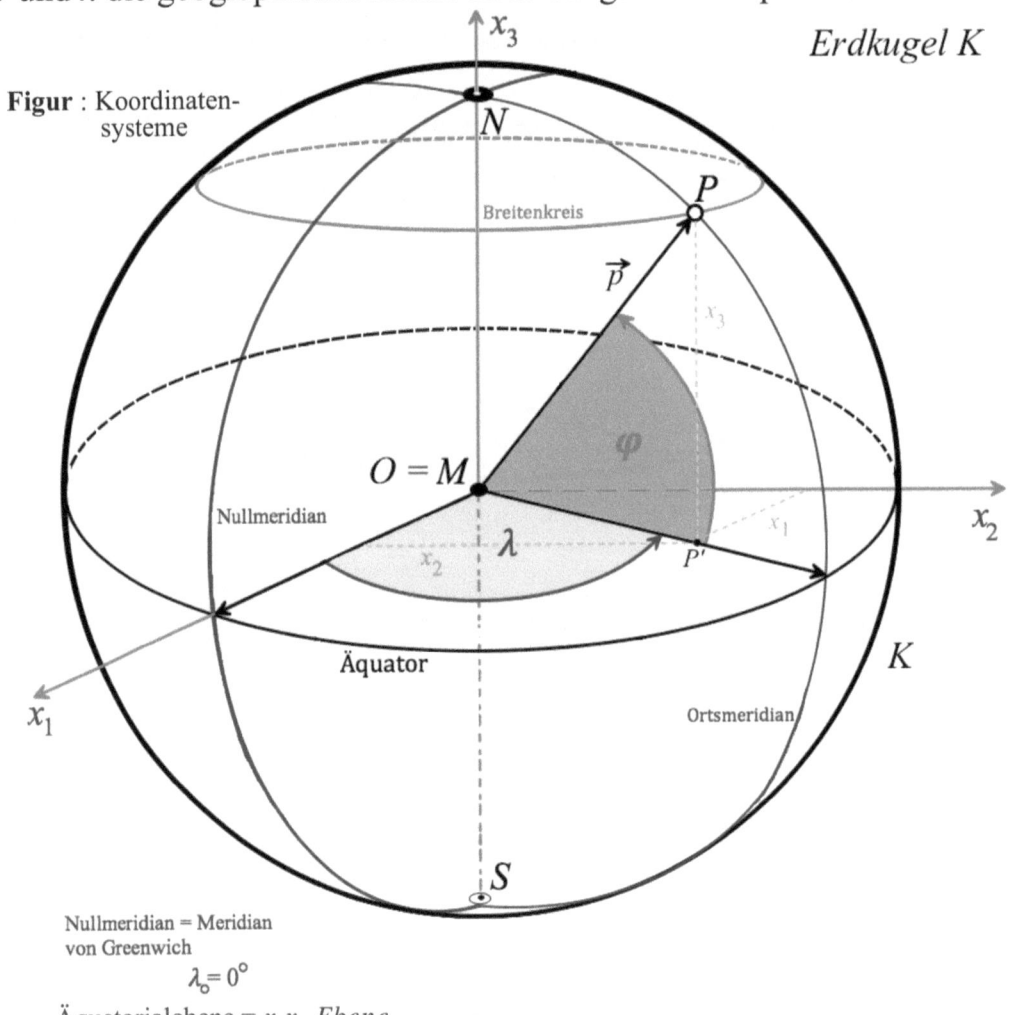

Figur: Koordinatensysteme

Erdkugel K

Nullmeridian = Meridian von Greenwich
$\lambda_0 = 0°$

Äquatorialebene = $x_1 x_2$-Ebene

2 Kugel

zu 7. Beziehungen zwischen Kugelkoordinaten und kartesischen Koordinaten eines Punktes P

Für einen Punkt P auf der Erdoberfläche gilt: $P(r|\varphi|\lambda)$, wobei $r = 6371\ km$ der Erdradius ist, φ bzw. λ die geographische Breite bzw. Länge des Ortspunktes P ist.

Es gelten für $P(x_1|x_2|x_3)$ die **Formeln**:

$$x_1 = r \cdot \cos(\varphi) \cdot \cos(\lambda)$$
$$x_2 = r \cdot \cos(\varphi) \cdot \sin(\lambda)$$
$$x_3 = r \cdot \sin(\varphi)$$

Aufgaben

1. Zeigen Sie, dass zwischen den kartesischen Koordinaten x_1, x_2 und x_3 eines beliebigen Punktes $P(x_1|x_2|x_3)$ auf der Erdoberfläche die oben angegebenen Beziehungen (Formeln) gelten, wenn für diesen Punkt P die Kugelkoordinatendarstellung $P(r; \varphi; \lambda)$ gilt. Dabei ist r der Radius der als ideale Kugel angenommenen Erde, φ und λ sind die geographische Breite bzw. Länge vom Ortspunkt P.

   Hinweis: Suchen Sie in der Figur auf Seite 70 geeignete rechtwinklige Dreiecke.

2. Berechnen Sie für die Orte München (P) und Los Angeles (P') aus deren Kugelkoordinaten (Beispiel Seite 69 unten) die entsprechenden kartesischen Koordinaten dieser Orte.
   Dabei soll die Erde wieder als Kugel mit ihrem Mittelpunkt im Koordinatenursprung angenommen werden, wobei die x_1x_3-Ebene den Nullmeridian enthält.

2 Kugel

Interaktiv 2.3 Längen- und Breitengrade

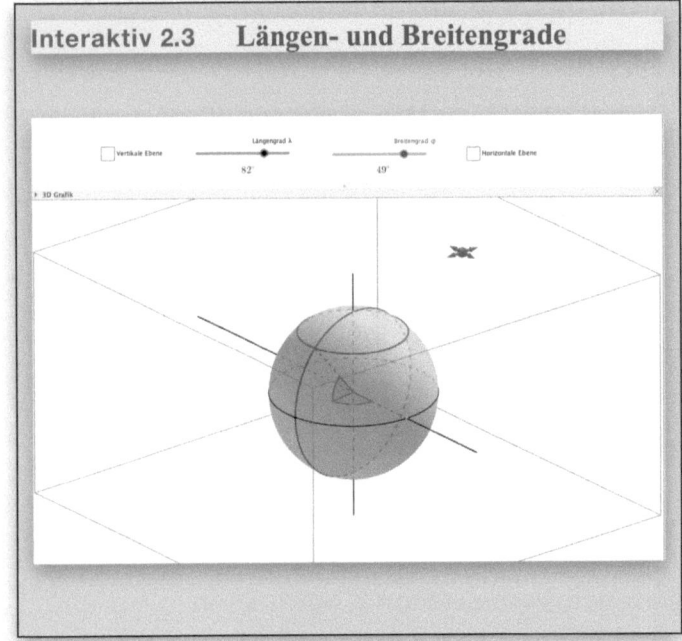

Fluglinie von Frankfurt am Main nach Tokio.

*Der auf der Karte angezeigte Pfad entspricht der Luftlinie, dem **Großkreisbogen** zwischen Frankfurt/M und Tokio.*

Für die Entfernung ergibt sich ein Wert von 9346 km bei einer Berechnung auf Basis einer idealen (Erd-)Kugel mit einem Radius von 6371 km.

Quelle: Google

2 Kugel

Herleitung einer Formel für den Abstand zweier Punkte auf der Erdkugel

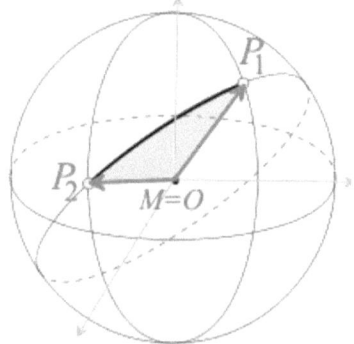

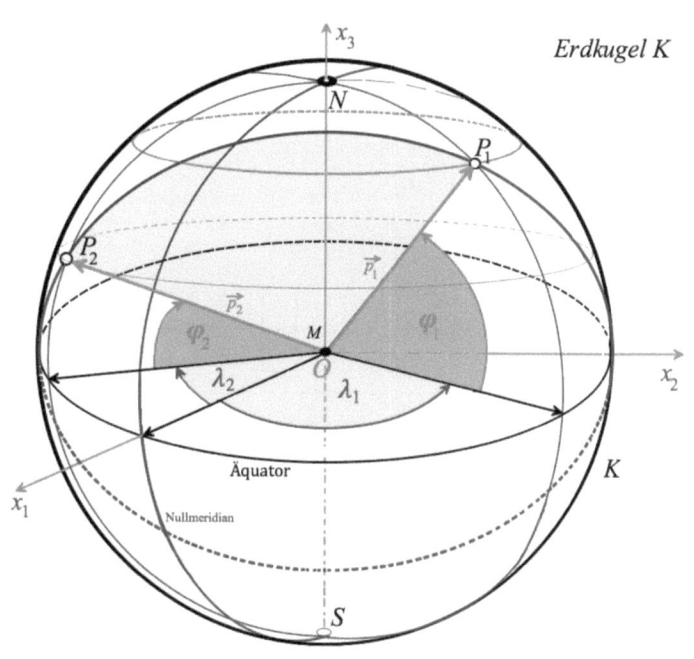

Erdkugel K

Betrachtet wird die Erde als Kugel mit Radius r und Mittelpunkt M im Koordinatenursprung sowie die Winkel $\lambda_1, \varphi_1, \lambda_2$ und φ_2, also die Kugelkoordinaten mit

$-180° \leq \lambda_{1,2} \leq 180°$, $-90° \leq \varphi_{1,2} \leq 90°$

der Punkte P_1 und P_2, die sich auf der Oberfläche der Erdkugel befinden.

Gesucht ist der (kürzeste) Abstand $d(P_1; P_2)$ beider Punkte auf der Erd-(kugel)oberfläche, also die Länge der (kürzeren) Bogenlinie, die auf dem Großkreis von P_1 nach P_2 führt.

Berechnung der Ortsvektoren $\vec{p}_1$ und $\vec{p}_2$ der Punkte $P_1(r|\varphi_1|\lambda_1)$ und $P_2(r|\varphi_2|\lambda_2)$

Zuerst werden die Vektoren $\vec{p}_1$ und $\vec{p}_2$ berechnet, also die Vektoren vom Koordinatenursprung zu den Punkten P_1 und P_2, deren Komponenten aus den Koordinaten der Punkte P_1 und P_2 bestehen (vgl. Seite 71):

$$\vec{p}_1 = \begin{pmatrix} r \cdot \cos(\varphi_1) \cdot \cos(\lambda_1) \\ r \cdot \cos(\varphi_1) \cdot \sin(\lambda_1) \\ r \cdot \sin(\varphi_1) \end{pmatrix} \qquad \vec{p}_2 = \begin{pmatrix} r \cdot \cos(\varphi_2) \cdot \cos(\lambda_2) \\ r \cdot \cos(\varphi_2) \cdot \sin(\lambda_2) \\ r \cdot \sin(\varphi_2) \end{pmatrix}$$

Berechnung des Winkels γ zwischen $\vec{p}_1$ und $\vec{p}_2$

Der Winkel γ zwischen den Vektoren $\vec{p}_1$ und $\vec{p}_2$ ist - wie aus der Vektorrechnung im Hj 11/2 bzw. 12/1 bekannt - gegeben durch die **Winkelformel**:

$$\cos(\gamma) = \frac{\vec{p}_1 \bullet \vec{p}_2}{|\vec{p}_1| \cdot |\vec{p}_2|} = \frac{\vec{p}_1 \bullet \vec{p}_2}{r^2} \qquad \text{(Winkelformel)}$$

$$= \frac{\begin{pmatrix} r \cdot \cos(\varphi_1) \cdot \cos(\lambda_1) \\ r \cdot \cos(\varphi_1) \cdot \sin(\lambda_1) \\ r \cdot \sin(\varphi_1) \end{pmatrix} \bullet \begin{pmatrix} r \cdot \cos(\varphi_2) \cdot \cos(\lambda_2) \\ r \cdot \cos(\varphi_2) \cdot \sin(\lambda_2) \\ r \cdot \sin(\varphi_2) \end{pmatrix}}{r^2}$$

$$= \frac{r \cdot \begin{pmatrix} \cos(\varphi_1) \cdot \cos(\lambda_1) \\ \cos(\varphi_1) \cdot \sin(\lambda_1) \\ \sin(\varphi_1) \end{pmatrix} \bullet r \cdot \begin{pmatrix} \cos(\varphi_2) \cdot \cos(\lambda_2) \\ \cos(\varphi_2) \cdot \sin(\lambda_2) \\ \sin(\varphi_2) \end{pmatrix}}{r^2} \qquad \text{(Faktor } r \text{ ausgeklammert)}$$

$$= \begin{pmatrix} \cos(\varphi_1) \cdot \cos(\lambda_1) \\ \cos(\varphi_1) \cdot \sin(\lambda_1) \\ \sin(\varphi_1) \end{pmatrix} \bullet \begin{pmatrix} \cos(\varphi_2) \cdot \cos(\lambda_2) \\ \cos(\varphi_2) \cdot \sin(\lambda_2) \\ \sin(\varphi_2) \end{pmatrix} \qquad \text{(Skalarprodukt ausrechnen)}$$

$$= \cos(\varphi_1) \cdot \cos(\lambda_1) \cdot \cos(\varphi_2) \cdot \cos(\lambda_2) +$$
$$\cos(\varphi_1) \cdot \sin(\lambda_1) \cdot \cos(\varphi_2) \cdot \sin(\lambda_2) + \sin(\varphi_1) \cdot \sin(\varphi_2)$$

(der Term $\cos(\varphi_1) \cdot \cos(\varphi_2)$ wird ausgeklammert) $\Rightarrow$

$$= \cos(\varphi_1) \cdot \cos(\varphi_2) \cdot \underbrace{\left[\cos(\lambda_1) \cdot \cos(\lambda_2) + \sin(\lambda_1) \cdot \sin(\lambda_2)\right]}_{\text{Additionstheorem}} + \sin(\varphi_1) \cdot \sin(\varphi_2)$$

$\cos(\gamma) = \cos(\varphi_1) \cdot \cos(\varphi_2) \cdot \cos(\lambda_1 - \lambda_2) + \sin(\varphi_1) \cdot \sin(\varphi_2)$ Also folgt für γ:

$\gamma = \cos^{-1}\left(\cos(\varphi_1) \cdot \cos(\varphi_2) \cdot \cos(\lambda_1 - \lambda_2) + \sin(\varphi_1) \cdot \sin(\varphi_2)\right)$.

2 Kugel

Abstand von P_1 und P_2 auf der Erdkugel

Aus dem Winkel γ und der folgenden Verhältnisgleichung kann der Abstand $d = d(P_1; P_2)$ der beiden Punkte P_1 und P_2 berechnet werden:

Verhältnisgleichung:
$$d : \gamma = 2\pi r : 360° = Umfang : Vollwinkel$$
$$\Leftrightarrow \frac{d}{\gamma} = \frac{\pi r}{180°}$$
$$\Leftrightarrow d = \frac{r \cdot \pi}{180°} \cdot \gamma = d(P_1; P_2)$$

Damit ergibt sich folgende **Formel** für den (kürzesten) Abstand zweier Punkte P_1 und P_2 auf der Erde:

Für zwei Punkte $P_1(r|\varphi_1|\lambda_1)$ und $P_2(r|\varphi_2|\lambda_2)$ gilt die **Abstandsformel**:
$$d(P_1; P_2) = \frac{r \cdot \pi}{180°} \cdot \cos^{-1}\bigl(\cos(\varphi_1) \cdot \cos(\varphi_2) \cdot \cos(\lambda_1 - \lambda_2) + \sin(\varphi_1) \cdot \sin(\varphi_2)\bigr)$$

Beispiele

❶ Frankfurt am Main (F) ⟶ Tokio (T)

$F = P_1(6371\ km|50{,}06|8{,}56)$ $T = P_2(6371\ km|35{,}68|139{,}77)$

$r = 6371\ km$ $\varphi_1 = 50{,}06°$ $\lambda_1 = 8{,}56°$
$r = 6371\ km$ $\varphi_2 = 35{,}68°$ $\lambda_2 = 139{,}77°$

$d(F; T) = \frac{6371\ km \cdot \pi}{180°} \cdot \cos^{-1}(\cos(50{,}06°) \cdot \cos(35{,}68°) \cdot \cos(8{,}56° - 139{,}77°) + \sin(50{,}06°) \cdot \sin(35{,}68°))$

$d(F; T) = 9346\ km$ ($\gamma = 84{,}05°$)

❷ Toronto (T') ⟶ Johannesburg (J)

$T' = P_1(6371\ km|43{,}68|-79{,}63)$ $J = P_2(6371\ km|-26{,}13|28{,}24)$

$r = 6371\ km$ $\varphi_1 = 43{,}68°$ $\lambda_1 = -79{,}63°$
$r = 6371\ km$ $\varphi_2 = -26{,}13°$ $\lambda_2 = 28{,}24°$

$d(T'; J) = \frac{6371\ km \cdot \pi}{180°} \cdot \cos^{-1}(\cos(43{,}68°) \cdot \cos(-26{,}13°) \cdot \cos(-79{,}63° - 28{,}24°) + \sin(43{,}68°) \cdot \sin(-26{,}13°))$

$d(T'; J) = 13368\ km$ ($\gamma = 120{,}23°$).

Fluglinien

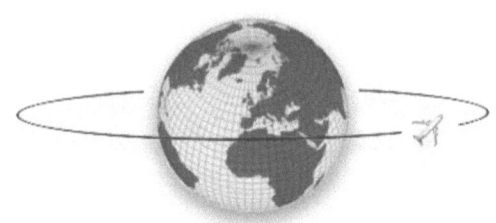

Bei der **Navigation** von Punkt P_1 nach P_2 mit einem Kompass eignet sich die Loxodrome besser, da sie immer mit dem gleichen Winkel die Meridiane kreuzt. Bei kurzen Strecken ist eine Loxodrome nur unwesentlich länger als eine Orthodrome. Bei hoher Breite und Entfernungen unterhalb von 30 Längengraden liegt der relative Längenunterschied bei weniger als 1 %. Danach steigt er deutlich an. Eine Reise entlang des 50. Breitengrades über 180 Längengrade ist 45 % länger als der Weg über einen Großkreis (mit Orthodrome).

Festzuhalten bleibt daher, dass die kürzeste Verbindung - die sogenannte Orthodrome - zwischen zwei Punkten auf einer Kugeloberfläche (z.B. Erdoberfläche) immer Teil eines Großkreises ist. („Fluglinien auf Großkreisen")

Unsere Überlegungen und Rechnungen gehen idealerweise davon aus, dass die Erde eine Kugel ist. Dies entspricht jedoch nicht ganz der Realität. Sie stellt vielmehr ein unregelmäßig geformtes **Geoid** dar. Am ehesten lässt sich dieser Körper noch durch ein **Rotationsellipsoid** annähern, das durch zwei Radien bestimmt wird. ☞

Aufgaben

3. Ein Pilot startet um 4 Uhr morgens in Lissabon (Breite 38,73°|Länge -9,2°) und fliegt auf kürzestem Weg mit der Geschwindigkeit 240 km/h nach Danzig (Breite 54,35°|Länge 18,67°).
Bestimmen Sie die Ankunftszeit in Danzig.

4. Zwei Orte auf der Erde liegen beide auf der Breite $\varphi = 40°$ und haben den Längenunterschied $\Delta\lambda = \lambda_1 - \lambda_2 = 70°$. Um wie viel km ist ihre kürzeste Entfernung auf dem Großkreis kleiner als die auf dem Breitenkreis? (Skizze anfertigen)

5. Ein Schiff fährt von $A(6371 \text{ km}|40,7°|-73,33°)$ auf einem Großkreis und quert den Äquator im Punkt B unter der Länge $\lambda = -31°39'$, das sind $-31,65°$ (westlicher Länge).
Bestimmen Sie den von A nach B zurückgelegten Weg.

Interaktiv 2.4 Großkreise

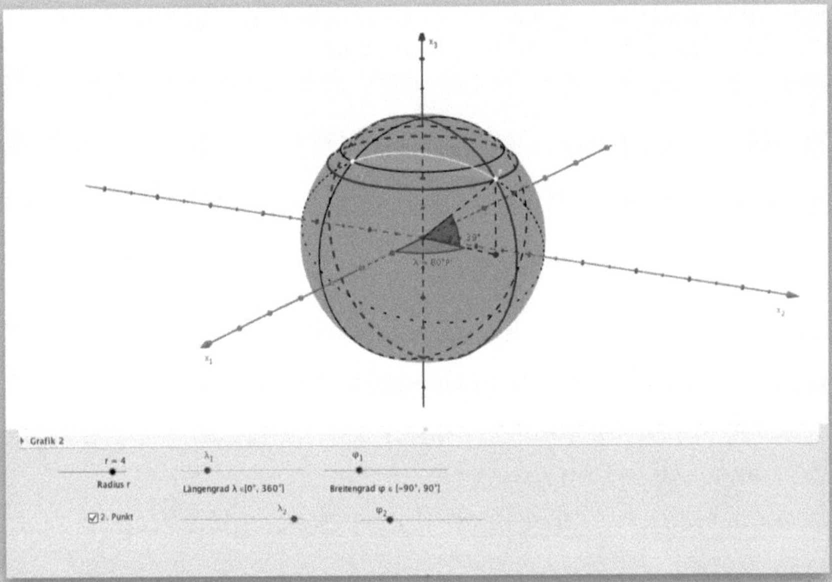

2.7 Spezielle Tangentialebene E fakultativ

Tangentialebene an eine Kugel durch eine vorgegebene Gerade außerhalb der Kugel

Durch eine vorgegebene Gerade g, die sich außerhalb einer gegebenen Kugel K befindet, soll eine Tangentialebene an diese Kugel K gelegt werden.

Gegeben sei eine Gerade $g: \vec{x} = \vec{a} + \lambda \cdot \vec{u}$ sowie eine Kugel K mit Mittelpunkt $M(m_1|m_2|m_3)$ und Radius r, also $K: (\vec{x} - \vec{m})^2 = r^2$.

Gesucht ist eine Tangentialebene e_T an die Kugel K, die die Gerade g enthält.

Allgemeine Problemanalyse und Strategie:

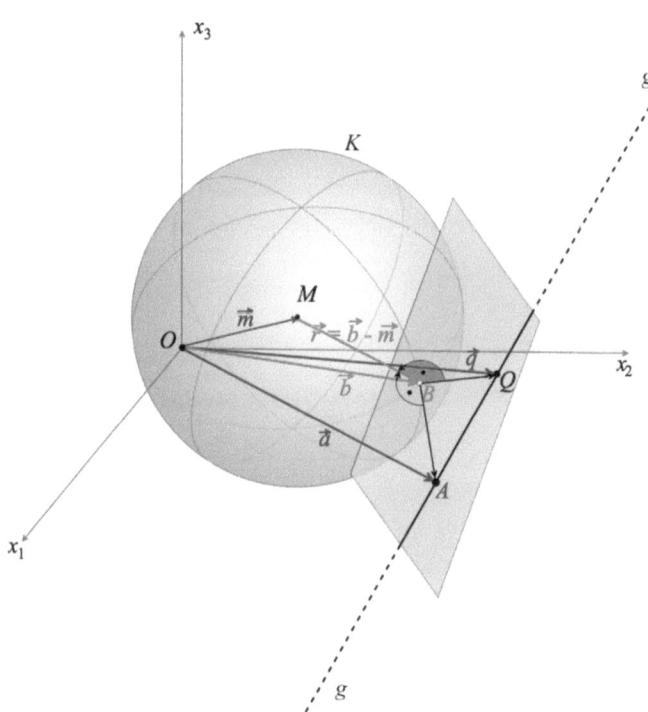

Zu berechnen ist der Berührpunkt $B(b_1|b_2|b_3)$ auf der Kugel $K: (\vec{b} - \vec{m})^2 = r^2$, womit dann zusammen mit der Gerade g die Tangentialebene bestimmt wäre.

Setze (I): $\vec{r} := \vec{b} - \vec{m}, |\vec{r}| = r$.

Es muss gelten:

(II) $\overrightarrow{BA} \perp \vec{r} \Leftrightarrow (\vec{a} - \vec{b}) \bullet \vec{r} = 0$

(III) $\overrightarrow{BQ} \perp \vec{r} \Leftrightarrow (\vec{q} - \vec{b}) \bullet \vec{r} = 0$

(II) $((\vec{a} - \vec{m}) - (\vec{b} - \vec{m})) \bullet \vec{r} = 0$

$(\vec{a} - \vec{m}) \bullet \vec{r} - \vec{r} \bullet \vec{r} = 0$

$(\vec{a} - \vec{m}) \bullet \vec{r} - |\vec{r}|^2 = 0 \Rightarrow$

(II) $(\vec{a} - \vec{m}) \bullet \vec{r} = r^2$ analog

(III) $(\vec{q} - \vec{m}) \bullet \vec{r} = r^2$.

Nachdem man den Aufpunkt A von g und einen weiteren Punkt Q ($\lambda = 1$) mit den Koordinaten ihrer Ortsvektoren in (II) und (III) eingesetzt hat, lassen sich durch Lösen des so entstandenen Gleichungssystems Terme von r_1, r_2 bzw. r_3 bestimmen, die man in die Kugelgleichung $K: \vec{r}^2 = r_1^2 + r_2^2 + r_3^2 = r^2$ einsetzt. Durch Lösen einer quadratischen Gleichung erhält man r_1, r_2 und r_3 und aus $\vec{b} = \vec{r} + \vec{m}$ die gesuchten Koordinaten b_1, b_2 und b_3 des Berührpunktes B auf der Kugel K.

2 Kugel

Beispiel

Vorgegeben sind die Gerade $g: \vec{x} = \begin{pmatrix} 5 \\ 10 \\ 0 \end{pmatrix} + \lambda \cdot \begin{pmatrix} 2 \\ -2 \\ -3 \end{pmatrix}$ und die Kugel K mit

Mittelpunkt $M(2|3|-1)$ und dem Radius $r = 7$.

Gesucht: Tangentialebene e_T, die g enthält, sowie ihr Berührpunkt $B \in K$.

Zunächst ergeben sich folgende zwei Punkte auf der Geraden g:

$A(5|10|0)$, $Q(7|8|-3)$ für $\lambda = 1$. (andere Punktwahl möglich)

$$K: \left(\vec{x} - \begin{pmatrix} 2 \\ 3 \\ -1 \end{pmatrix}\right)^2 = 49$$

(I) Setze $\vec{r} := \vec{b} - \vec{m}$ mit $|\vec{r}| = r$.

Da $B \in K \Rightarrow \left(\vec{b} - \begin{pmatrix} 2 \\ 3 \\ -1 \end{pmatrix}\right)^2 = 49$, also $\vec{r}^2 = r_1^2 + r_2^2 + r_3^2 = 49$ (I)

(II) $(\vec{a} - \vec{m}) \bullet \vec{r} = r^2 \Rightarrow \begin{pmatrix} 3 \\ 7 \\ 1 \end{pmatrix} \bullet \begin{pmatrix} r_1 \\ r_2 \\ r_3 \end{pmatrix} = 49 \Leftrightarrow 3r_1 + 7r_2 + r_3 = 49$ (II)

(III) $(\vec{q} - \vec{m}) \bullet \vec{r} = r^2 \Rightarrow \begin{pmatrix} 5 \\ 5 \\ -2 \end{pmatrix} \bullet \begin{pmatrix} r_1 \\ r_2 \\ r_3 \end{pmatrix} = 49 \Leftrightarrow 5r_1 + 5r_2 - 2r_3 = 49$ (III)

$2 \cdot$ (II) + (III): $\quad 11r_1 + 19r_2 = 147 \Rightarrow r_1 = \dfrac{147 - 19r_2}{11}$ (IV)

$5 \cdot$ (II) $- 3 \cdot$ (III): $\quad 20r_2 + 11r_3 = 98 \Rightarrow r_3 = \dfrac{98 - 20r_2}{11}$ (V) und r_2

eingesetzt in (I) ergibt:

$\dfrac{(147 - 19r_2)^2}{121} + r_2^2 + \dfrac{(98 - 20r_2)^2}{121} = 49 \mid \cdot 121$ (Binomische Formeln auflösen und zusammenfassen)

$882 \cdot r_2^2 - 9506 \cdot r_2 + 25284 = 0 \mid : 882$

$r_2^2 - \dfrac{9506}{882} \cdot r_2 + \dfrac{25284}{882} = 0$, mit pq-Formel und TR folgt: $r_2 = 6 \wedge r_2' = 4\dfrac{7}{9}$

Beispiel (Fortsetzung)

Durch Einetzen des Wertes $r_2 = 6$ in (IV) und (V) erhält man die übrigen beiden Komponenten des Vektors $\vec{r}$:

$$r_1 = 3 \quad \text{und} \quad r_3 = -2$$

Aus $\vec{r} = \vec{b} - \vec{m} \;\Rightarrow\; \vec{b} = \vec{r} + \vec{m} \;\Leftrightarrow\;$

$$\vec{b} = \begin{pmatrix} r_1 \\ r_2 \\ r_3 \end{pmatrix} + \begin{pmatrix} 2 \\ 3 \\ -1 \end{pmatrix} = \begin{pmatrix} 3 + 2 \\ 6 + 3 \\ -2 - 1 \end{pmatrix} \;\Rightarrow\; \vec{b} = \begin{pmatrix} 5 \\ 9 \\ -3 \end{pmatrix}$$

Damit lautet der Berührpunkt $B(5|9|-3)$.

Mit diesem Punkt B, dem Aufpunkt A und dem Richtungsvektor $\vec{u}$ der Geraden g lässt sich eine Parametergleichung der Tangentialebene e_T aufstellen:

$$e_T: \vec{x} = \begin{pmatrix} 5 \\ 10 \\ 0 \end{pmatrix} + \mu \cdot \begin{pmatrix} 2 \\ -2 \\ -3 \end{pmatrix} + \nu \cdot \underbrace{\begin{pmatrix} 0 \\ -1 \\ -3 \end{pmatrix}}_{\vec{b}-\vec{a}}$$

Als ein möglicher Normalenvektor ergibt sich

$$\vec{n} = \begin{pmatrix} 2 \\ -2 \\ -3 \end{pmatrix} \times \begin{pmatrix} 0 \\ -1 \\ -3 \end{pmatrix} = \begin{pmatrix} 3 \\ 6 \\ -2 \end{pmatrix}$$

Daraus erhält man:

$$\vec{n} \bullet (\vec{x} - \vec{a}) = 0 \;\Leftrightarrow\; \begin{pmatrix} 3 \\ 6 \\ -2 \end{pmatrix} \bullet \left[\vec{x} - \begin{pmatrix} 5 \\ 10 \\ 0 \end{pmatrix} \right] = 0$$

$$\Leftrightarrow\; e_T: \begin{pmatrix} 3 \\ 6 \\ -2 \end{pmatrix} \bullet \vec{x} - 75 = 0$$

$$e_T: 3x_1 + 6x_2 - 2x_3 = 75 \,.$$

Auf der folgenden Seite kann man interaktiv nachprüfen, dass es einen weiteren Berührpunkt B' gibt und somit auch eine weitere Tangentialebene. ☞

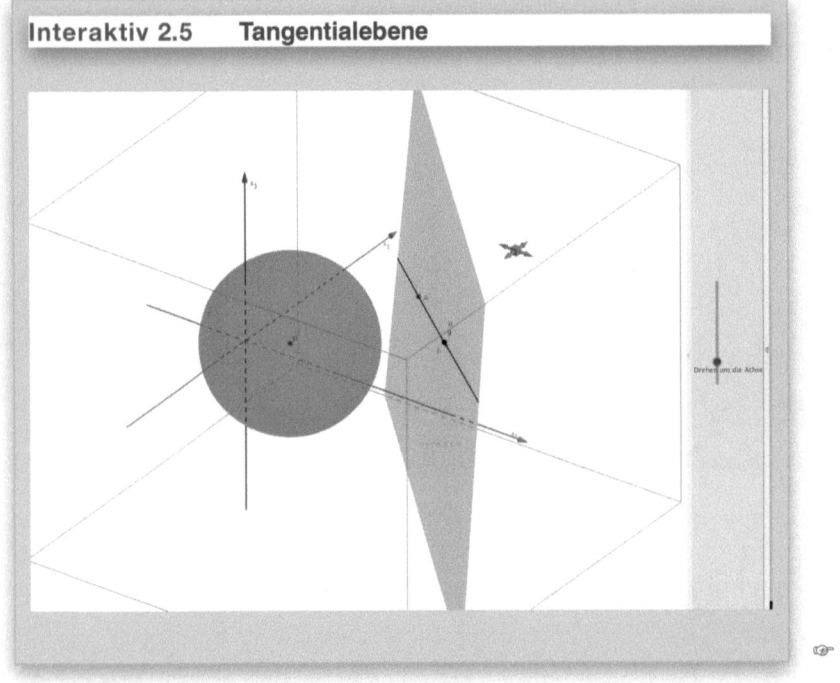

Aufgabe

6. Bestimmen Sie zu der vorgegebenen Geraden
$$g: \vec{x} = \begin{pmatrix} 4 \\ 1 \\ \frac{43}{3} \end{pmatrix} + \lambda \cdot \begin{pmatrix} -3 \\ 0 \\ \frac{3}{4} \end{pmatrix}$$
beide Tangentialebenen an die Kugel K mit dem Mittelpunkt $M(1|1|1)$ und dem Radius $r = 13$.

2.8 Kegelschnitte E fakultativ

2.8.1 Schnittfiguren eines Kegels

In der analytischen Geometrie spielen „Schnittprobleme" eine bedeutende Rolle. Selbst die bekannten ebenen „Kurven" lassen sich als Schnittfiguren erzeugen, so z.B. die Gerade als Schnittlinie von zwei Ebenen oder der Kreis als Schnittkurve einer Ebene mit einer Kugel (siehe Beispiel 3, Seite 47). Betrachtet man den Schnitt von Ebenen und Kugeln jeweils untereinander, so ergeben sich auch da stets wieder Geraden oder Kreise.

Möchte man hingegen <u>neue</u> ebene Kurven durch Schnitte erzeugen, so geht dies nur über andere Flächen im Raum. Ein Beispiel einer solchen Fläche ist eine **Kegelfläche**, die man mit einer Ebene zum Schnitt bringt. Daraus erhält man die so genannten „**Kegelschnitte**".

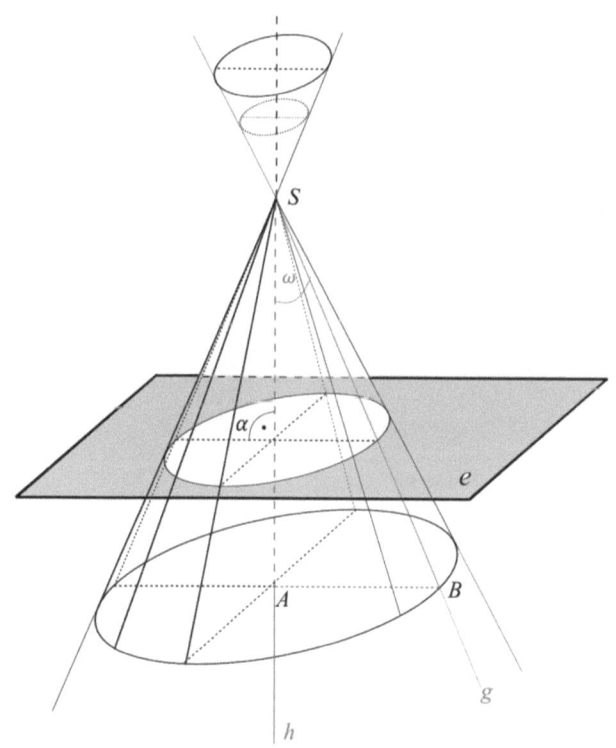

- Rotiert $\triangle SAB$ um die Achse SA, so entsteht ein Kegel bzw. eine Kegelfläche mit der Spitze S.

- Rotiert der Strahl $\overrightarrow{SB}$ um die Achse SA, so entsteht ebenfalls eine Kegelfläche mit S als Spitze.

- Rotiert die Gerade $g = SB$ um die Gerade $h = SA$ als Achse, so entsteht ein „Doppelkegel". Dabei gilt $g \cap h = \{S\}$.

Einen so entstandenen Kegel (bzw. Doppelkegel) bringt man zum Schnitt mit einer Ebene e, die nicht durch die Spitze S gehen soll.
Welche Schnittlinien lassen sich auf diese Weise erzeugen?

Beispiel 1 **Schnittkurve = Kreis**

$$\alpha = 90°$$

α = Winkel zwischen Kegelachse und Ebene e

ω = Winkel zwischen Kegelachse und Mantellinie („halber Öffnungswinkel")

S = Spitze des Kegels

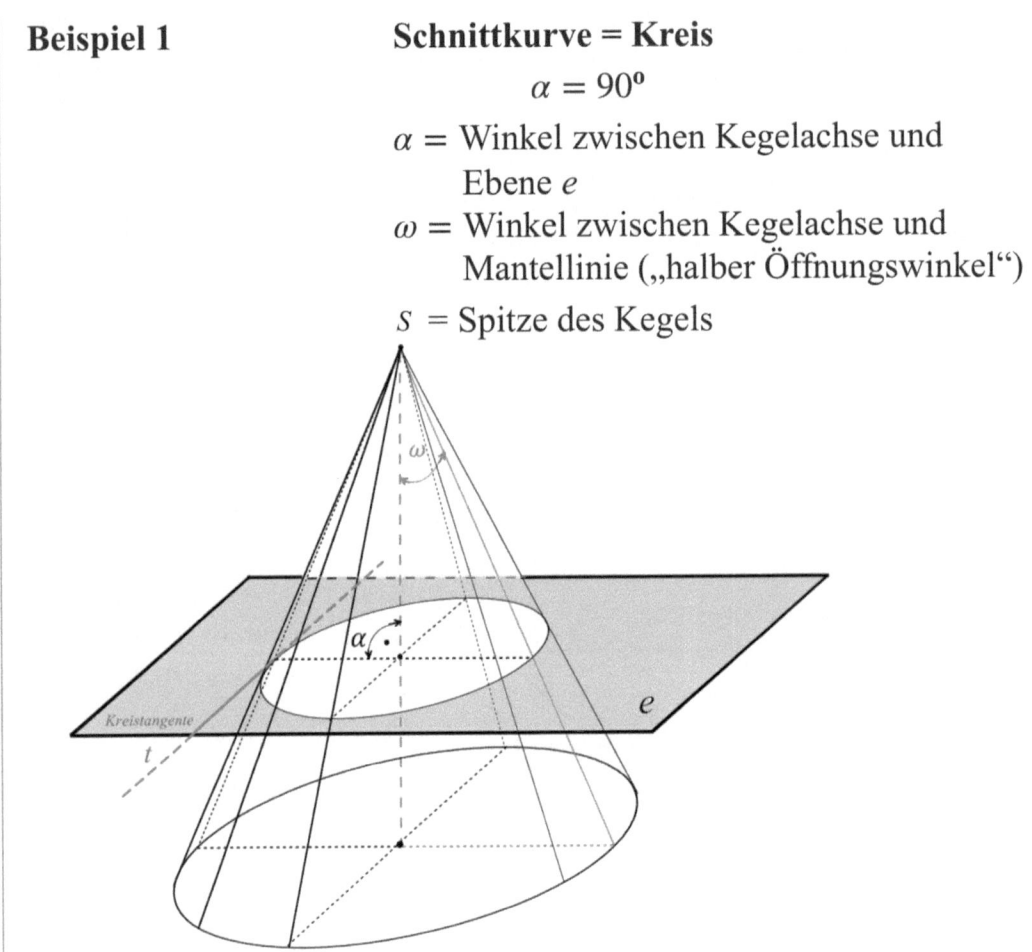

Die Ebene e in obigem Beispiel 1 wird nun in den folgenden Beispielen um eine der Kreistangenten t gedreht:

Beispiel 2

Schnittkurve = Ellipse

$\omega < \alpha < 90°$

Mit kleiner werdendem Winkel α wird die Ellipse immer länger. Schließlich schneidet eine Mantellinie des (Doppel-) Kegels die Ebene e nicht mehr. Diese Mantellinie ist dann parallel zur Ebene e, es ist dann $\alpha = \omega$ (Wechselwinkel), wie in Beispiel 3 unten.

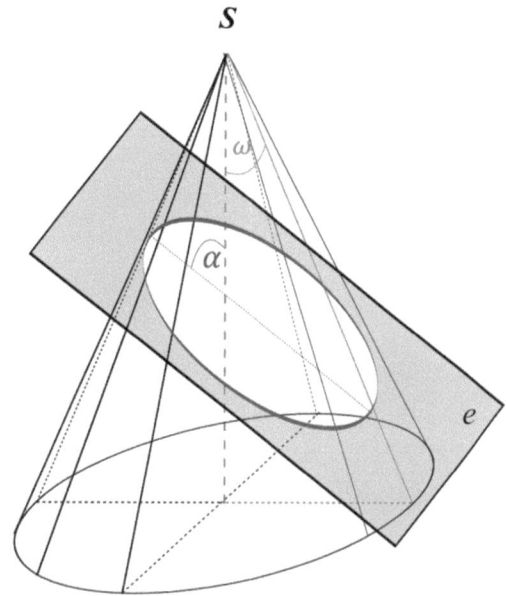

Beispiel 3

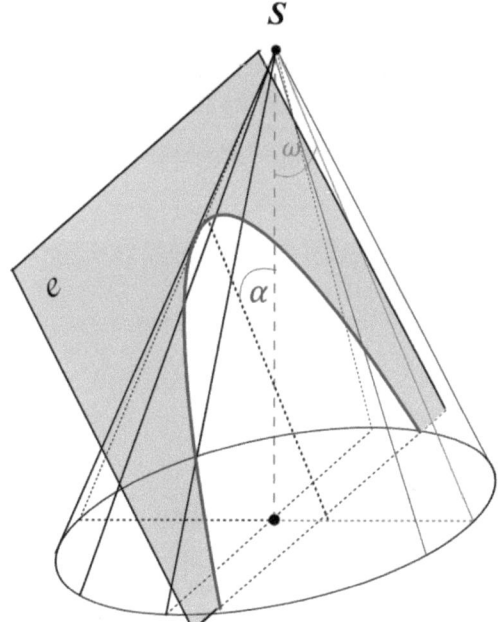

Schnittkurve = Parabel

$\alpha = \omega$

Dreht man die Ebene e weiter, dann wird $\alpha < \omega$ und e schneidet auch die obere Hälfte des Doppelkegels.
⇒ Beispiel 4 auf der folgenden Seite 86 :

Beispiel 4

Schnittkurve = Hyperbel

$\alpha < \omega$

Die Hyperbel hat zwei „Äste".

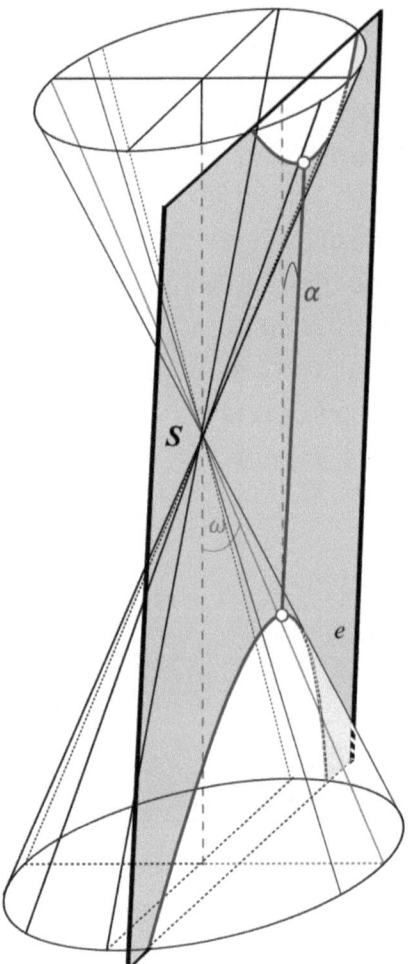

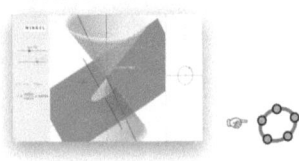

Interaktiv 2.6

Sonderfälle ergeben sich, wenn die Ebene e durch die Spitze S des Kegels geht:

❶ $\alpha > \omega$ ⇒ Schnittfigur ist der **Punkt S**

❷ $\alpha = \omega$ ⇒ Schnittfigur ist **eine Mantellinie**

❸ $\alpha < \omega$ ⇒ Schnittfigur sind **zwei Mantellinien**.

2.8.2 Vektorgleichung des (Doppel-) Kegels

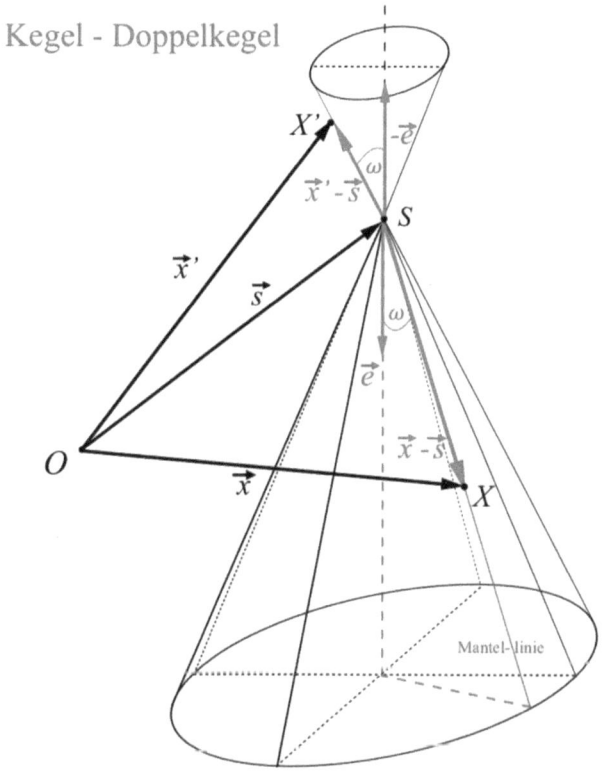

Kegel - Doppelkegel

Bezeichnungen:

K_e = Kegel, auch Doppelkegel

$\vec{e}$ = Einheitsvektor auf der Kegelachse

$\vec{s}$ = Ortsvektor der Spitze S des Kegels

$\vec{x}$ = Ortsvektor des Punktes $X \in K_e$ (Kegelfläche)

$\vec{x} - \vec{s}$ (bzw. $\vec{x}' - \vec{s}$) = Vektor auf der Mantellinie

$\omega = \sphericalangle(\vec{x} - \vec{s}, \vec{e})$
$\omega = \sphericalangle(\vec{x}' - \vec{s}, -\vec{e})$
2ω = Öffnungswinkel

Mithilfe des Skalarproduktes erhält man: $(\vec{x} - \vec{s}) \bullet \vec{e} = |\vec{x} - \vec{s}| \cdot \underbrace{|\vec{e}|}_{1} \cdot \cos(\omega)$

Setze $\cos(\omega) = c$ (1) $\Rightarrow (\vec{x} - \vec{s}) \bullet \vec{e} = |\vec{x} - \vec{s}| \cdot 1 \cdot c$

$(\vec{x} - \vec{s}) \bullet \vec{e} = |\vec{x} - \vec{s}| \cdot c$ (2) $\Rightarrow$ **Gleichung des Kegels**

Denkt man sich die den Kegel erzeugenden Strahlen zu Geraden verlängert, so entsteht bei der Rotation ein *Doppelkegel*.

„Oberer" Teilkegel: $-(\vec{x}' - \vec{s}) \bullet \vec{e} = (\vec{x}' - \vec{s}) \bullet (-\vec{e}) = |\vec{x}' - \vec{s}| \cdot 1 \cdot c$ (2')

Die Gleichungen (2) und (2') unterscheiden sich nur durch das Vorzeichen auf der linken Seite. Deshalb quadriert man und erhält die **vektorielle Gleichung des (Doppel-) Kegels** K_e in der allgemeinen Form:

Gegeben sei ein Kegel bzw. Doppelkegel K_e mit dem Öffnungswinkel 2ω, der Spitze S mit dem Ortsvektor $\vec{s}$ und dem Einheitsvektor $\vec{e}$ in Richtung der Kegelachse. Dann lautet die **vektorielle Gleichung dieses (Doppel-) Kegels in allgemeiner Form**:

$$K_e: (\vec{x} \bullet \vec{e} - \vec{s} \bullet \vec{e})^2 = c^2 \cdot (\vec{x} - \vec{s})^2 \quad (3)$$

wobei $c = \cos(\omega)$ ist.

Die Kegelgleichung (3) wird besonders einfach, wenn die Spitze S des Kegels im Ursprung O liegt, also $S = O(0|0|0)$ und $\vec{s} = \vec{0}$ (Nullvektor) gilt:

Gleichung des Kegels bzw. Doppelkegels in der Ursprungsform:

$$K_e: (\vec{x} \bullet \vec{e})^2 = c^2 \cdot \vec{x}^2 \quad (4)$$

Jede Gleichung dieser Form (3) bzw. (4) stellt einen **Kegel** dar, wenn nur die Bedingung $\quad 0 < c^2 < 1 \quad$ gilt.

Bem.: Der Einfachheit halber soll fortan ein Doppelkegel auch als Kegel bezeichnet werden.

Beispiel 1

Zeigen Sie, dass durch die Gleichung $\left[\vec{x} \bullet \begin{pmatrix} 6 \\ 2 \\ 3 \end{pmatrix}\right]^2 = 28 \cdot \vec{x}^2$ *ein Kegel gegeben ist. Bestimmen Sie die Achsenrichtung und den Öffnungswinkel 2ω.*

Lösung: Man normiert zunächst auf der linken Seite den Vektor bei $\vec{x}$:

$\left|\begin{pmatrix} 6 \\ 2 \\ 3 \end{pmatrix}\right| = \sqrt{36 + 4 + 9} = \sqrt{49} = 7$. Division durch 7^2 liefert :

$\left[\vec{x} \bullet \begin{pmatrix} 6/7 \\ 2/7 \\ 3/7 \end{pmatrix}\right]^2 = \frac{4}{7} \cdot \vec{x}^2$, wegen $0 < c^2 = \frac{4}{7} < 1$ handelt es sich um einen **Kegel**.

2 Kugel

Beispiel 1 (Fortsetzung)
Lösung:

Da $c^2 = \frac{4}{7} \Rightarrow c = \sqrt{\frac{4}{7}} = \frac{2}{\sqrt{7}} > 0$

$\Rightarrow c = \cos(\omega) = \frac{2}{\sqrt{7}}$, also $\omega = \cos^{-1}(\frac{2}{\sqrt{7}}) = 40{,}88°$.

Der Öffnungswinkel 2ω des Kegels beträgt somit $81{,}77°$.

Die Achsenrichtung ist bestimmt durch den Vektor

$$\vec{e} = \begin{pmatrix} \frac{6}{7} \\ \frac{2}{7} \\ \frac{3}{7} \end{pmatrix} \quad \text{bzw.} \quad \vec{a} = \begin{pmatrix} 6 \\ 2 \\ 3 \end{pmatrix}.$$

Beispiel 2

Ein Kegel hat den Öffnungswinkel $2\omega = 90°$. Seine Spitze S liegt in $S(2|-1|1)$, seine Achsenrichtung ist durch den Vektor $\vec{e}_1$ mit

$$\vec{e}_1 = \begin{pmatrix} 1 \\ 0 \\ 0 \end{pmatrix}$$

bestimmt. Stellen Sie die Gleichung des Kegels auf und prüfen Sie, ob folgende Punkte auf ihm liegen:

a) $A(7|2|5)$ b) $B(3|2|-3)$.

Lösung:

Kegelgleichung in allgemeiner Form:

$$K_e: (\vec{x} \bullet \vec{e} - \vec{s} \bullet \vec{e})^2 = c^2 \cdot (\vec{x} - \vec{s})^2$$

$\vec{e} = \vec{e}_1$ ist der Einheitsvektor in Richtung der Kegelachse

$c = \cos(\omega) = \cos(45°) = \frac{1}{2}\sqrt{2} \approx 0{,}7071$

Damit erhält man die folgende Kegelgleichung:

Beispiel 2 (Fortsetzung)

Lösung: Die **Kegelgleichung** lautet:

$$K_e: \left[\vec{x} \bullet \begin{pmatrix} 1 \\ 0 \\ 0 \end{pmatrix} - \begin{pmatrix} 2 \\ -1 \\ 1 \end{pmatrix} \bullet \begin{pmatrix} 1 \\ 0 \\ 0 \end{pmatrix}\right]^2 = \frac{1}{2} \cdot \left[\vec{x} - \begin{pmatrix} 2 \\ -1 \\ 1 \end{pmatrix}\right]^2$$

$$K_e: \left[\vec{x} \bullet \begin{pmatrix} 1 \\ 0 \\ 0 \end{pmatrix} - 2\right]^2 = \frac{1}{2} \cdot \left[\vec{x} - \begin{pmatrix} 2 \\ -1 \\ 1 \end{pmatrix}\right]^2$$

Punktprobe für $A(7|2|5)$

$$\left[\begin{pmatrix} 7 \\ 2 \\ 5 \end{pmatrix} \bullet \begin{pmatrix} 1 \\ 0 \\ 0 \end{pmatrix} - 2\right]^2 \stackrel{?}{=} \frac{1}{2} \cdot \left[\begin{pmatrix} 7 \\ 2 \\ 5 \end{pmatrix} - \begin{pmatrix} 2 \\ -1 \\ 1 \end{pmatrix}\right]^2$$

$$(7-2)^2 = 25 \stackrel{!}{=} \frac{1}{2} \cdot \begin{pmatrix} 5 \\ 3 \\ 4 \end{pmatrix}^2 = \frac{1}{2} \cdot 50 \quad \checkmark \quad \Rightarrow \quad A \in K_e$$

Punktprobe für $B(3|2|-3)$

$$\left[\begin{pmatrix} 3 \\ 2 \\ -3 \end{pmatrix} \bullet \begin{pmatrix} 1 \\ 0 \\ 0 \end{pmatrix} - 2\right]^2 \stackrel{?}{=} \frac{1}{2} \cdot \left[\begin{pmatrix} 3 \\ 2 \\ -3 \end{pmatrix} - \begin{pmatrix} 2 \\ -1 \\ 1 \end{pmatrix}\right]^2$$

$$(3-2)^2 = 1 \neq \frac{1}{2} \cdot \begin{pmatrix} 1 \\ 3 \\ -4 \end{pmatrix}^2 = \frac{1}{2} \cdot 26 = 13 \quad \Rightarrow \quad B \notin K_e.$$

2 Kugel

Aufgaben

7. Ein Kegel mit der Spitze im Ursprung hat den Öffnungswinkel 2ω und die Achsenrichtung $\vec{a}$. Wie heißt seine Gleichung?

  a) $2\omega = 60°$, $\vec{a} = \begin{pmatrix} 0 \\ 1 \\ 0 \end{pmatrix}$
  b) $2\omega = 120°$, $\vec{a} = \begin{pmatrix} 2 \\ 3 \\ -6 \end{pmatrix}$.

8. Gegeben ist der Kegel K_e. Prüfen Sie, ob die Punkte P, Q auf ihm liegen.

  a) $K_e: \left[\vec{x} \bullet \begin{pmatrix} 0 \\ 1 \\ 0 \end{pmatrix}\right]^2 = \frac{1}{2} \cdot \vec{x}^2$ $P(6|10|-8)$, $Q(12|13|5)$

  b) $K_e: \left[\vec{x} \bullet \begin{pmatrix} 0 \\ 1 \\ 1 \end{pmatrix}\right]^2 = \frac{1}{3} \cdot \vec{x}^2$ $P(3|1|1)$, $Q(2\sqrt{2}|6|-2)$

9. Die Gerade $g: \vec{x} = \begin{pmatrix} 1 \\ 3 \\ 4 \end{pmatrix} + \lambda \cdot \begin{pmatrix} 2 \\ 1 \\ 2 \end{pmatrix}$ ist Mantellinie eines Kegels mit der Spitze $S(-1|2|2)$ und der Achsenrichtung $\vec{a} = \begin{pmatrix} 2 \\ 2 \\ 1 \end{pmatrix}$.

Stellen Sie die Kegelgleichung auf und berechnen Sie den Öffnungswinkel 2ω.

2.8.3 Allgemeine Scheitelgleichung der Kegelschnitte

Scheitelgleichung einer Schnittfigur beim Schnitt eines Kegels K_e mit einer Ebene e am **Beispiel** der „Ellipse" ($\alpha > \omega$).

Gegeben: Winkel ω und Einheits-Vektor $\vec{e}$ als Richtungsvektor für die Kegelachse sowie α für den Kegelschnitt.

Gesucht: Gleichung der Schnittkurve

Die Lösung dieses Problems erfordert eine „geschickte" Festlegung eines kartesischen Koordinatensystems.

Vereinbarungen:

1. $e = x_1x_2$-Ebene
2. Kegelachse liegt in x_1x_3-Ebene
3. $\triangle OAS$ ist das „charakteristische Dreieck" des Kegelschnitts. Es enthält alle für den Kegelschnitt relevanten Bestimmungsstücke: $s = |\overrightarrow{OS}|$, ω, α, β.
4. A = Schnittpunkt der Kegelachse mit der x_1-Achse.
5. *Scheitelpunkte* sind immer die Schnittpunkte des Kegelschnitts (hier: Ellipse) mit der x_1-Achse. (O ist also ein Scheitelpunkt)
6. Somit sind alle Kegelschnitte symmetrisch zur x_1-Achse und liegen in der Ebene $e = x_1x_2$-Ebene .
7. Für die Spitze S des Kegels gilt stets: $S(s_1|0|s_3)$. $\triangle OAS$ liegt also ganz in der x_1x_3-Ebene.

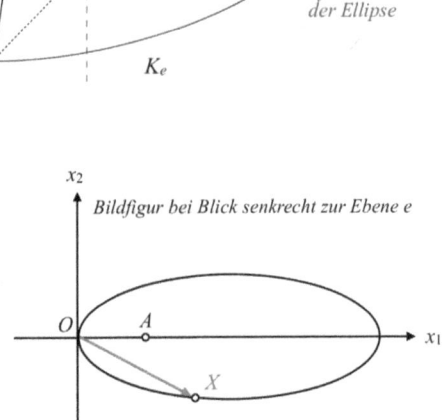

x_1 = Symmetrieachse der Ellipse

Bildfigur bei Blick senkrecht zur Ebene e

x_3-Achse zeigt von O aus der Ebene heraus und steht senkrecht auf der x_1x_2-Ebene

2 Kugel

Mit den folgenden drei Festlegungen bzw. Definitionen lässt sich schließlich die allgemeine Gleichung eines Kegelschnitts aufstellen:

(1) $\varepsilon = \dfrac{\cos(\alpha)}{\cos(\omega)}$, ε heißt *numerische Exzentrizität*

(2) $\beta = 180° - (\alpha + \omega)$

(3) $p = s \cdot (\varepsilon + \cos(\beta))$, p ist der *Parameter*

Unter Berücksichtigung dieser Definitionen (1), (2) und (3) in Gleichung **(4)** Seite 88 erhält man die

> **Allgemeine Gleichung eines Kegelschnitts mit dem Scheitel im Ursprung.** Jeder Kegelschnitt hat diese Scheitelgleichung.
> $$K_s: x_2^2 = 2px_1 - (1 - \varepsilon^2)x_1^2$$
> Sie heißt auch **Scheitelform der Kegelschnittsgleichung**.

Beispiel
Gegeben ist das charakteristische (= erzeugende) Dreieck eines Kegelschnitts K_s durch $s = |\overrightarrow{OS}| = 6\sqrt{2}$, $\omega = 45°$, $\beta = 45°$. Bestimmen Sie die Gleichung des Kegelschnitts K_s sowie die Spitze S und die Achsenrichtung des zugehörigen Kegels.

Lösung:
Wegen $\omega = 45°$ und $\beta = 45°$ ist der Winkel $\alpha = 90°$.
Daraus folgt: $\varepsilon = \dfrac{\cos(\alpha)}{\cos(\omega)} = \dfrac{\cos(90°)}{\cos(45°)} = 0 \Rightarrow \varepsilon = 0$.
Der Kegelschnitt ist also ein Kreis. Es ist $p = 6$, da gilt:
$p = s \cdot (\varepsilon + \cos(\beta)) = 6\sqrt{2} \cdot (0 + \cos(45°)) = 6\sqrt{2} \cdot \dfrac{1}{2}\sqrt{2} = 6$.

Beispiel (Fortsetzung)

Die Gleichung des Kegelschnitts (des Kreises also) lautet:

$$x_2^2 = 2px_1 - (1 - \varepsilon^2)x_1^2$$
$$\Leftrightarrow \quad x_2^2 = 12x_1 - x_1^2 \quad \Leftrightarrow \quad k: x_1^2 - 12x_1 + x_2^2 = 0$$
$$K_s = k: x_1^2 - 12x_1 + 6^2 + x_2^2 = 0 + 36$$
$$k: (x_1 - 6)^2 + x_2^2 = 36 \quad \Rightarrow \quad r = 6$$

Die Spitze S des Kegels liegt im Punkt $S(6|0|6)$, weil gilt:

aus $\alpha = 90°$ $\Rightarrow$ die Kegelachse steht senkrecht auf
$e = x_1x_2$-Ebene,
die Richtung der Kegelachse ist somit bestimmt durch den Vektor $\vec{e} = -\vec{e}_3 = \begin{pmatrix} 0 \\ 0 \\ -1 \end{pmatrix}$,

wegen $\omega = \beta = 45°$ $\Rightarrow$ $s_3 = s_1 = 6$.

Aufgaben

10. Gegeben ist das charakteristische Dreieck ΔOAS eines Kegelschnitts durch

    a) $s = 3\sqrt{3}$, $\omega = 30°$, $\alpha = 60°$
    b) $s = \sqrt{6}$, $\omega = 60°$, $\alpha = 30°$.

    Bestimmen Sie die Gleichung des zugehörigen Kegelschnitts.

2.8.4 Gleichungen der einzelnen Kegelschnitte

Ausgehend von der Scheitelform der Kegelschnittsgleichung
$$x_2^2 = 2px_1 - (1 - \varepsilon^2)x_1^2$$
mit $p = s \cdot (\varepsilon + \cos(\beta))$ und $\varepsilon = \dfrac{\cos(\alpha)}{\cos(\omega)}$ kann man die verschiedenen Arten der Kegelschnitte untersuchen und deren Gleichungen ermitteln.

Es ergeben sich für die einzelnen Kegelschnitte die folgenden Bedingungen und die folgenden vereinfachten Gleichungen:

❶ Kreis

$\alpha = 90°$ und $\varepsilon = 0$ $\Rightarrow$ $\quad x_2^2 = 2px_1 - x_1^2$

$\Leftrightarrow \quad x_1^2 - 2px_1 + x_2^2 = 0$

$\Leftrightarrow \quad (x_1 - p)^2 + x_2^2 = p^2$

$\Leftrightarrow \quad$ Kreis k mit $M(p|0)$ und $r = p$.

Beispiel von Seite 93 ☞ $\boxed{(x_1 - 6)^2 + x_2^2 = 6^2}$

❷ Parabel

$\omega = \alpha$ und $\varepsilon = 1$ $\Rightarrow$ $\quad x_2^2 = 2px_1 \quad$ mit $p = s \cdot (1 + \cos(\beta))$

Die von der Mittelstufe bekannte *Parabelfunktion* $\quad x_2 = ax_1^2 \quad$ bzw. $\quad y = ax^2$
ist die Umkehrung der Relation $x_2^2 = 2px_1$:
Durch Vertauschen von x_1 und x_2 sowie Auflösen nach x_2 erhält man
$$x_1^2 = 2px_2 \Rightarrow x_2 = \frac{1}{2p}x_1^2 \quad \text{mit} \quad \frac{1}{2p} = a$$

Beispiel: Parabel P mit $\omega = \alpha = 30°$, $s = |\overrightarrow{OS}| = 1$ und $p = \dfrac{1}{2}$ ergibt die Normalparabel

☞ $\boxed{x_2^2 = x_1}$

Für Ellipse und Hyperbel als Kegelschnitte gilt:
$$\alpha \neq \omega \Rightarrow \varepsilon \neq 1$$

❸ Ellipse

$\alpha > \omega \Rightarrow \varepsilon < 1$ $\Rightarrow$ $x_2^2 = 2px_1 - (1-\varepsilon^2)x_1^2$
$\Leftrightarrow$ $(1-\varepsilon^2)x_1^2 - 2px_1 + x_2^2 = 0$
$\Leftrightarrow$ Beispiel Aufgabe 10a von Seite 94 :

Ellipse E mit
$\omega = 30°, \alpha = 60°, p = 3, \varepsilon = \frac{1}{3}\sqrt{3} < 1$.
$2x_1^2 - 18x_1 + 3x_2^2 = 0$

☞ $\boxed{2x_1^2 - 18x_1 + 3x_2^2 = 0}$

❹ Hyperbel

$\alpha < \omega \Rightarrow \varepsilon > 1$ $\Rightarrow$ $x_2^2 = 2px_1 - (1-\varepsilon^2)x_1^2$
$\Leftrightarrow$ $(1-\varepsilon^2)x_1^2 - 2px_1 + x_2^2 = 0$
$\Leftrightarrow$ Beispiel Aufgabe 10b von Seite 94 :

Hyperbel H mit
$\omega = 60°, \alpha = 30°, p = 3\sqrt{2}, \varepsilon = \sqrt{3} > 1$.
$2x_1^2 + 6\sqrt{2}\,x_1 - x_2^2 = 0$

☞ $\boxed{2x_1^2 + 6\sqrt{2}\,x_1 - x_2^2 = 0}$

Bild: Kegelschnitte

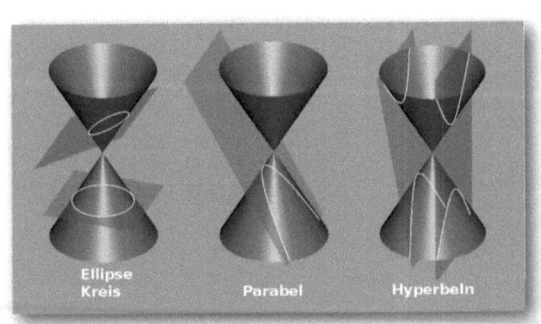

Ellipse Kreis — Parabel — Hyperbeln

2.9 Abituraufgabenteile E fakultativ

1. (Freie und Hansestadt Hamburg, Gymnasium, Lernaufgaben Abitur 2012, E- und G-Kurs)
   GPS (Global Position System)
   Eine Person bestimmt ihre Position auf der Erdoberfläche mit Hilfe eines GPS-Gerätes. Dieser Vorgang soll in dieser Aufgabe prinzipiell nachvollzogen werden.
   Wir machen dazu folgende vereinfachende Annahmen:
   - Die Erde ist eine ideale Kugel mit einem Umfang von 40 000 km und dem zugehörigen Radius von $r = 6366$ km. Als Längeneinheit wählen wir gerade diesen Erdradius.
   - Weiterhin betrachten wir folgendes erdgebundene Koordinatensystem:
     Der Koordinatenursprung ist der Erdmittelpunkt. Die x_3-Achse liegt auf der Erdachse und zeigt zum Nordpol. Der Nordpol ist also der Einheitspunkt auf der x_3-Achse mit den Koordinaten $N(0|0|1)$.
     Die x_1-Achse geht durch den Schnittpunkt von Äquator und Nullmeridian, dieser Punkt mit den geographischen Koordinaten 0° Breite und 0° Länge ist der Einheitspunkt auf der x_1-Achse, hat also die Koordinaten $(1|0|0)$.
     Der Einheitspunkt auf der x_2-Achse hat dann 0° Breite und 90° östliche Länge und die Koordinaten $(0|1|0)$.
   - Zu einem genau fixierten Zeitpunkt der Positionsbestimmung empfängt die Person mit ihrem GPS-Gerät von zwei GPS Satelliten deren genaue Positionen Sat_1 und Sat_2 in dem genannten rechtwinkligen Koordinatensystem. Außerdem empfängt der GPS-Empfänger die genaue Uhrzeit in den Satelliten zum Zeitpunkt der Aussendung der Signale. Aus der Zeitdifferenz der beiden Uhren in den Satelliten und im GPS-Empfänger

zum Empfangszeitpunkt kann dieser (mit Hilfe der Lichtgeschwindigkeit) die Entfernungen d_1 und d_2 von seiner unbekannten Position zu den beiden Satelliten berechnen.
(Dies ist in Wirklichkeit wegen der Ungenauigkeit der Empfängeruhr komplizierter!).

<u>Nun zur eigentlichen Aufgabe:</u>

Es sei $Sat_1(2|2|3)$ und $d_1 = 3{,}2$ und ebenso $Sat_2(3|2|2)$ und $d_2 = 3{,}3$.

a) Beschreiben Sie den prinzipiellen Weg, wie man den Standort der Person aus den gegebenen Daten berechnen kann.

b) Betrachten Sie die Kugel um Sat_1 mit dem Radius d_1 und geben Sie die Gleichung der Kugeloberfläche an.
Diese Kugeloberfläche schneidet die Erdoberfläche in einem Schnittkreis. Berechnen Sie eine Koordinatengleichung der Ebene, in der dieser Schnittkreis liegt. (Mögl. Lösung: $e_1: 100x_1 + 100x_2 + 150x_3 - 194 = 0$)

c) Die gleiche Rechnung wie in b) für die Kugel um Sat_2 mit dem Radius d_2 ergibt die folgende Gleichung für die Schnittkreisebene:
$e_2: 600x_1 + 400x_2 + 400x_3 = 711$.
Bestimmen Sie die Schnittgerade der beiden Ebenen e_1 und e_2 in Parameterform.

d) Beschreiben Sie, wie man aus den bisherigen Daten die Koordinaten von zwei Punkten ermitteln kann, von denen einer der Standort der Person sein muss. (Im E-Kurs sind diese Koordinaten zu berechnen.)

e) Die Person weiß immerhin, dass sie sich in Nordeuropa aufhält.

   G-Kurs: So kann sie aus den berechneten beiden Punkten den für sie zutreffenden auswählen: $Pos(57{,}3°\,N\,|\,17{,}5°\,O)$. Bestimmen Sie die Länge des kürzesten Weges auf der Erdoberfläche von Hamburg $(53{,}5\,°\,N\,|\,10°\,O)$ zum Standort Pos der Person.

   E-Kurs: Berechnen Sie die geographischen Koordinaten des Standortes der Person. [Zur Kontrolle: $Pos(57{,}3°\,N\,|\,17{,}5°\,O)$].

f) Berechnen Sie die Länge des kürzesten Weges von Hamburg $(53{,}5\,°\,N\,|\,10°\,O)$ zum Standort der Person.

2 Kugel

Lösung der GPS-Aufgabe

a) Aus den als bekannt vorausgesetzten Informationen geht hervor, dass sich die Person gleichzeitig auf der Oberfläche von drei Kugeln befinden muss:
- der Erdkugel mit Radius r
- der Kugel um Sat_1 mit dem Radius d_1 und
- der Kugel um Sat_2 mit dem Radius d_2.

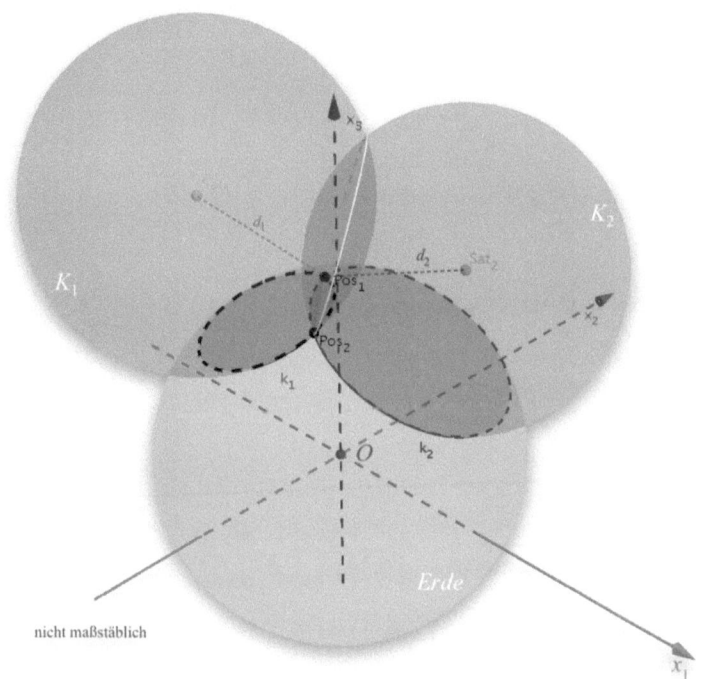

nicht maßstäblich

Wenn die Daten realistisch sind, dann müssen sich die Erdoberfläche und jede der beiden anderen Kugeloberflächen jeweils in einem Kreis (k_1 und k_2) schneiden, den man berechnen kann. Die beiden Schnittkreise schneiden sich dann in zwei Punkten, die man auch berechnen kann und die in der Regel weit voneinander entfernt liegen, so dass man aus der grob ungefähren Kenntnis des Standortes der Person einen von beiden ausschließen kann.

2 Kugel

Lösung der GPS-Aufgabe

b) Ist $P = X(x_1|x_2|x_3)$ ein variabler Punkt, so lautet die *Kugelgleichung*:

$$\left(\vec{x} - \vec{m}_{Sat}\right)^2 = \left(\vec{x} - \overrightarrow{Sat_1}\right)^2 = d_1^2, \text{ also } (x_1 - 2)^2 + (x_2 - 2)^2 + (x_3 - 3)^2 = 3{,}2^2.$$

$$\Leftrightarrow x_1^2 - 4x_1 + 4 + x_2^2 - 4x_2 + 4 + x_3^2 - 6x_3 + 9 = \left(\frac{32}{10}\right)^2 = \frac{256}{25} \quad \textbf{(I)}$$

Für die Erdoberfläche gilt:

$\vec{x}^2 = 1 \Leftrightarrow x_1^2 + x_2^2 + x_3^2 = 1$. **(II)**

Subtraktion der beiden Gleichungen (II) - (I) ergibt:

$$4x_1 + 4x_2 + 6x_3 - 17 = -\frac{231}{25}.$$

Durch Multiplikation dieser Gleichung mit 25 erhält man das Ergebnis:

$$e_1: 100x_1 + 100x_2 + 150x_3 = 194.$$

Es handelt sich um eine Ebenengleichung. Alle gemeinsamen Punkte auf den beiden Kugeloberflächen müssen diese Gleichung erfüllen (Umkehrung gilt nicht!). Also muss es sich um die Ebene des Schnittkreises k_1 handeln.

c) Durch Umformung des unbestimmten linearen Gleichungssystems

$$\left. \begin{array}{l} e_1: 100x_1 + 100x_2 + 150x_3 = 194 \\ e_2: 600x_1 + 400x_2 + 400x_3 = 711 \end{array} \right\}$$

mittels Äquivalenzumformung (GAUß-Algorithmus) erhält man:

$$x_2 = \frac{581}{400} - \frac{5}{2}x_1 \quad \text{und} \quad x_3 = \frac{13}{40} + x_1.$$

Daraus errechnet man folgende Parameterform der Schnittgeraden g der beiden Schnittkreisebenen ($x_1 = \mu'$ ist frei wählbar):

$$g: \vec{x} = \begin{pmatrix} x_1 \\ x_2 \\ x_3 \end{pmatrix} = \begin{pmatrix} \mu' \\ \frac{581}{400} - \frac{5}{2}\mu' \\ \frac{13}{40} + \mu' \end{pmatrix} = \begin{pmatrix} 0 \\ \frac{581}{400} \\ \frac{13}{40} \end{pmatrix} + \mu' \cdot \begin{pmatrix} 1 \\ -2{,}5 \\ 1 \end{pmatrix}, \text{ d.h. } g: \vec{x} = \begin{pmatrix} 0 \\ \frac{581}{400} \\ \frac{13}{40} \end{pmatrix} + \mu \cdot \begin{pmatrix} 2 \\ -5 \\ 2 \end{pmatrix}.$$

2 Kugel

Lösung der GPS-Aufgabe

d) Der Standort der Person muss sowohl auf dieser Geraden g, als auch auf der Erdoberfläche liegen. Das führt zu der quadratischen Gleichung:

$$\left[\begin{pmatrix} 0 \\ \frac{581}{400} \\ \frac{13}{40} \end{pmatrix} + \mu \cdot \begin{pmatrix} 2 \\ -5 \\ 2 \end{pmatrix}\right]^2 = 1 \quad (*), \quad \text{also} \quad (2\mu)^2 + \left(\frac{581}{400} - 5\mu\right)^2 + \left(\frac{13}{40} + 2\mu\right)^2 = 1$$

$$\Leftrightarrow 33\mu^2 - \frac{529}{40}\mu + \frac{194461}{160000} = 0 \quad |:33 \qquad \mu^2 - \frac{529}{1320}\mu + \frac{194461}{5280000} = 0$$

Spätestens hier ist es sinnvoll und zulässig, zu einer Darstellung mit Dezimalbrüchen und TR-Genauigkeit überzugehen. Z.B. Angaben mit 5D-Genauigkeit, gerechnet aber mit 10D-TR-Genauigkeit.

Die quadratische Gleichung sieht dann so aus:

$\mu^2 - 0{,}40076 \cdot \mu + 0{,}03683 = 0$; Lösung mit *quadratischer Ergänzung* oder mit *pq-Formel* liefert:

$\mu_{1,2} = 0{,}20038 \pm 0{,}05764$, also

$\mu_1 \approx 0{,}25801$ und $\mu_2 \approx 0{,}14274$

Diese beiden μ-Werte in die Parametergleichung der Geraden g eingesetzt, ergibt folgende mögliche Positionen der Person:

$Pos_1(0{,}51602 \mid 0{,}16245 \mid 0{,}84102)$

$Pos_2(0{,}28548 \mid 0{,}73879 \mid 0{,}61048)$

G-Kurs: Hier genügt die Angabe der Gleichung (*) oder ein anderer Ansatz, z.B. auch eine verbale Beschreibung.

e) Die Umrechnung von geographischen Koordinaten auf der Erdoberfläche in kartesische Koordinaten erfolgt bekanntermaßen (Seite 71) wie folgt:

$(1 \mid \varphi \mid \lambda) \mapsto (\cos(\varphi) \cdot \cos(\lambda) \mid \cos(\varphi) \cdot \sin(\lambda) \mid \sin(\varphi))$ (beachte $r = 1$)

Diese Rechnung muss hier umgekehrt werden, woraus dann folgt:

$x_3 = \sin(\varphi) \qquad \Rightarrow \quad \varphi = \sin^{-1}(x_3)$ und

$x_2 = \cos(\varphi) \cdot \sin(\lambda) \quad \Rightarrow \quad \lambda = \sin^{-1}\left(\dfrac{x_2}{\cos(\varphi)}\right)$

2 Kugel

Lösung der GPS-Aufgabe

e) Man erhält damit folgende Positionen:

$$\varphi_1 = \sin^{-1}(0{,}84102) \approx 57{,}3° \qquad \varphi_2 = \sin^{-1}(0{,}61048) \approx 37{,}6°$$

$$\lambda_1 = \sin^{-1}\left(\frac{0{,}16245}{\cos(57{,}3°)}\right) \approx 17{,}5° \qquad \lambda_2 = \sin^{-1}\left(\frac{0{,}73879}{\cos(37{,}6°)}\right) \approx 68{,}9°$$

Es kommt nur die erste Position

$$(r|\varphi_1|\lambda_1) = (1|57{,}3°|17{,}5°)$$

in Frage, diese liegt deutlich nordöstlich von Hamburg.

(*Hinweis: Pos₁ liegt ca. 422 km nördlich von Hamburg und von dort aus ca. 450 km östlich. Dies ist in der schwedischen Ostsee zwischen Öland und Gotland.*)

Lösung also: $\quad Pos(1\,|\,57{,}3°\,N\,|\,17{,}5°\,O)$

f) Mit der Umrechnung $(1|\varphi|\lambda) \mapsto (\cos(\varphi)\cdot\cos(\lambda)\,|\,\cos(\varphi)\cdot\sin(\lambda)\,|\,\sin(\varphi))$ berechnen wir die Koordinaten von Hamburg (H):

$$H := (\cos(53{,}5°)\cdot\cos(10°)\,|\,\cos(53{,}5°)\cdot\sin(10°)\,|\,\sin(53{,}5°))$$

$$\approx (0{,}58579\,|\,0{,}10329\,|\,0{,}80386)$$

Sowohl H als auch $Pos_1(0{,}51602\,|\,0{,}16245\,|\,0{,}84102)$, von Seite 101, liegen auf der Erdoberfläche, haben also in dem gewählten Maßstab vom Ursprung O die Entfernung 1. Mithilfe des Skalarproduktes berechnet man den sphärischen Winkel

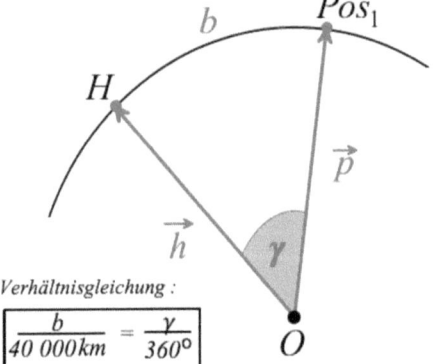

$$\gamma = \sphericalangle HOPos_1 = \cos^{-1}\left(\frac{\vec{h}\bullet\vec{p}}{1\cdot 1}\right)$$

$$= \cos^{-1}\left(\begin{pmatrix}0{,}58579\\0{,}10329\\0{,}80386\end{pmatrix}\bullet\begin{pmatrix}0{,}51602\\0{,}16245\\0{,}84102\end{pmatrix}\right)$$

Verhältnisgleichung:
$$\frac{b}{40\,000\,km} = \frac{\gamma}{360°}$$

$$\gamma = \sphericalangle HOPos_1 = \cos^{-1}(0{,}99512) \approx 5{,}66°.$$

Lösung der GPS-Aufgabe

f) Aus der Verhältnisgleichung

$$\frac{b}{40\,000\ km} = \frac{\gamma}{360°} \quad \text{folgt für die Bogenlänge } b:$$

$$b = \frac{\gamma}{360°} \cdot 40\,000\ km = \frac{5{,}66°}{360°} \cdot 40\,000\ km$$

$$b \approx 629\ km$$

Die kürzeste Weglänge auf der Erdoberfläche von Hamburg zur Position der Person beträgt also etwa 630 km. ❏

Anmerkung:

Die Bestimmung des Schnittes zweier Kugeln spielt also beim Satelliten-Navigationssystem GPS eine wichtige Rolle. Dieses System besteht aus 31 Satelliten, die die Erde in einer Höhe von 20200 km über der Erdoberfläche umkreisen. Dabei sind die Positionen der Satelliten so eingerichtet, dass von jedem Punkt der Erdoberfläche stets mindestens 4 dieser Satelliten zu „sehen" sind.

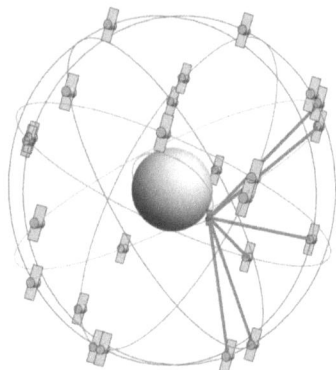

2. (Freie und Hansestadt Hamburg, Gymnasium, Lernaufgaben Abitur 2012, E-Kurs)

Gegeben seien eine Kugel K mit dem Mittelpunkt $M(4|\,4|\,3)$ und dem Radius $r = 7$ LE sowie eine Ebene

$$e: \vec{x} = \begin{pmatrix} 1 \\ 2 \\ 1 \end{pmatrix} + u \cdot \begin{pmatrix} 1 \\ -1 \\ 0 \end{pmatrix} + v \cdot \begin{pmatrix} -2 \\ 1 \\ 1 \end{pmatrix} \quad u, v \in \mathbb{R}.$$

a) Zeigen Sie, dass die Ebene e und die Kugel K mehr als einen Punkt gemeinsam haben. Berechnen Sie den Mittelpunkt S und den Radius r_s des Schnittkreises.

b) Die Kugel K soll an der Ebene e gespiegelt werden.
Begründen Sie die folgende Aussage:
   „Die Strecke von M zum Mittelpunkt M^* der Bildkugel K^* verläuft durch den Mittelpunkt des Schnittkreises."
Bestimmen Sie die Gleichung der Bildkugel K^*.

c) Berechnen Sie $z > 0$ so, dass $P(6|1|z)$ auf der Kugeloberfläche K liegt.

d) Genauso, wie es zu jedem Punkt auf einem Kreis eine Tangente mit diesem Punkt als Berührpunkt gibt, gibt es zu jedem Punkt auf einer Kugel eine Ebene, die die Kugel in diesem Punkt berührt - die so genannte Tangentialebene.
Beim Kreis steht der Radius zum Berührpunkt senkrecht zur Tangente. Entsprechendes gilt bei der Kugel.
Ermitteln Sie die Koordinatenform derjenigen Tangentialebene e_T, welche die Kugel K im Punkt P berührt.

e) Bestimmen Sie alle zu e_T parallelen Ebenen, die die Kugel K schneiden.
Ermitteln Sie, wie von diesen Ebenen diejenigen gefunden werden können, für die der Radius des Schnittkreises mit der Kugel 2 LE ist. Bestimmen Sie die Koordinatenform einer dieser Ebenen.

2 Kugel

Lösung der Aufgabe 2

a) Die Kugel schneidet die Ebene in mehr als einem Punkt, wenn der Abstand des Mittelpunktes von der Ebene kleiner als der Radius der Kugel ist. Dieser Abstand wird zunächst bestimmt, dazu wird die Gerade durch den Kugelmittelpunkt M mit dem Normalenvektor $\vec{n}$ der Ebene als Richtungsvektor mit der Ebene e zum Schnitt gebracht. Der Schnittpunkt ist dann zugleich der gesuchte Mittelpunkt S des Schnittkreises, sofern $|\overrightarrow{MS}| < r$ ist.

1. Normalenvektor der Ebene ist:

$$\vec{n}' = \begin{pmatrix} 1 \\ -1 \\ 0 \end{pmatrix} \times \begin{pmatrix} -2 \\ 1 \\ 1 \end{pmatrix} = \begin{pmatrix} -1 \\ -1 \\ -1 \end{pmatrix} \Rightarrow \vec{n} = \begin{pmatrix} 1 \\ 1 \\ 1 \end{pmatrix} \Rightarrow e: \begin{pmatrix} 1 \\ 1 \\ 1 \end{pmatrix} \bullet \vec{x} - 4 = 0$$

2. Lotgerade g:

$$g: \vec{x} = \begin{pmatrix} 4 \\ 4 \\ 3 \end{pmatrix} + \lambda \cdot \begin{pmatrix} 1 \\ 1 \\ 1 \end{pmatrix}$$

3. Schnitt $g \cap e = \{S\}$ liefert den Lotfußpunkt S:

$$\begin{pmatrix} 1 \\ 1 \\ 1 \end{pmatrix} \bullet \left[\begin{pmatrix} 4 \\ 4 \\ 3 \end{pmatrix} + \lambda \cdot \begin{pmatrix} 1 \\ 1 \\ 1 \end{pmatrix} \right] - 4 = 0 \quad \Leftrightarrow \lambda = -\frac{7}{3}$$

Der Schnittpunkt ist $S\left(\frac{5}{3} \Big| \frac{5}{3} \Big| \frac{2}{3}\right)$.

4. Abstand des Punktes $S\left(\frac{5}{3} \Big| \frac{5}{3} \Big| \frac{2}{3}\right)$ von $M(4|4|3)$:

$$d = d(S; M) = \sqrt{\left(4 - \frac{5}{3}\right)^2 + \left(4 - \frac{5}{3}\right)^2 + \left(3 - \frac{2}{3}\right)^2} = \frac{7}{3}\sqrt{3} \approx 4{,}04 < 7.$$

Die Behauptung in a) ist somit gezeigt und S bereits berechnet.

Der Radius r_s des Schnittkreises ergibt sich nach PYTHAGORAS aus:

$$r^2 = r_s^2 + d^2 \Leftrightarrow r_s^2 = r^2 - d^2 = 7^2 - \left(\frac{7}{3}\sqrt{3}\right)^2 = \frac{98}{3} \Rightarrow r_s = \sqrt{\frac{98}{3}} \approx 5{,}72 \text{ LE}.$$

2 Kugel

Lösung der Aufgabe 2 (Fortsetzung)

b) Da eine Spiegelung eine Kongruenzabbildung darstellt, genügt es, den Mittelpunkt M der Kugel K zu spiegeln, die Länge des Radius' bleibt.
Die Verbindungsstrecke von M zum Bildpunkt M^* schneidet die (Spiegel-)Ebene e senkrecht, verläuft aus Symmetriegründen durch den Mittelpunkt S des Schnittkreises und hat S als Strecken-Mittelpunkt:

$$\vec{s} = \frac{1}{2} \cdot (\vec{m} + \vec{m}^*) \Leftrightarrow \vec{m}^* = 2 \cdot \vec{s} - \vec{m}$$

$$\Leftrightarrow \vec{m}^* = 2 \cdot \begin{pmatrix} 5/3 \\ 5/3 \\ 2/3 \end{pmatrix} - \begin{pmatrix} 4 \\ 4 \\ 3 \end{pmatrix} = \begin{pmatrix} -2/3 \\ -2/3 \\ -5/3 \end{pmatrix}$$

Also ist $M^*\left(-\frac{2}{3} \mid -\frac{2}{3} \mid -\frac{5}{3}\right)$ der Mittelpunkt der Kugel K^* mit dem

Radius $r^* = 7$: $\quad K^*: \left(\vec{x} - \begin{pmatrix} -2/3 \\ -2/3 \\ -5/3 \end{pmatrix}\right)^2 = 49$.

c) $P(6|1|z) \in K \Leftrightarrow \left(\begin{pmatrix} 6 \\ 1 \\ z \end{pmatrix} - \begin{pmatrix} 4 \\ 4 \\ 3 \end{pmatrix}\right)^2 = 49 \Leftrightarrow 4 + 9 + (z-3)^2 = 49$

$\Leftrightarrow (z-3)^2 = 36 \Leftrightarrow z - 3 = \pm 6 \Rightarrow z = 9 \lor z = -3$

$z = 9$ ist der gesuchte positive Wert ($P(6|1|9)$).

d) Koordinatenform der Tangentialebene e_T im Punkt $P(6|1|9)$ lautet (☞ Seite 43):

$e_T: (p_1 - m_1) \cdot (x_1 - m_1) + (p_2 - m_2) \cdot (x_2 - m_2) + (p_3 - m_3) \cdot (x_3 - m_3) = r^2$
$e_T: (6 - 4) \cdot (x_1 - 4) + (1 - 4) \cdot (x_2 - 4) + (9 - 3) \cdot (x_3 - 3) = 7^2$
$e_T: 2 \cdot (x_1 - 4) + (-3) \cdot (x_2 - 4) + 6 \cdot (x_3 - 3) = 49$
$e_T: 2x_1 - 3x_2 + 6x_3 = 63$.

2 Kugel

Lösung der Aufgabe 2 (Fortsetzung)

e) Alle zu e_T parallelen Ebenen haben die Gleichungen:

$$e_c: 2x_1 - 3x_2 + 6x_3 = c \, , \quad c \in \mathbb{R} \quad \text{bzw.}$$

$$e_c: \begin{pmatrix} 2 \\ -3 \\ 6 \end{pmatrix} \vec{x} = c \, , \quad c \in \mathbb{R}.$$

Mit der Kugel K gemeinsame Punkte haben diejenigen zu e_T parallelen Ebenen e_c, die Punkte mit der Strecke $\overline{MP}$ oder mit dem am Punkt M gespiegelten Bild dieser Strecke gemeinsam haben.

Für die Ebene durch P ist $c = 63$. ($c = 63 = 14 + 49$)

Für die Ebene durch M ist $c = 14$.

Für die „letzte" parallele Ebene e_c durch den Spiegelpunkt P' von P folgt:
$$c = 14 - 49 = -35.$$

Die Ebenen sind demnach bestimmt durch

$$e_c: 2x_1 - 3x_2 + 6x_3 = c \text{ mit } c \in [-35; 63].$$

Ist bei diesen Ebenen e_c mit $c \in [-35; 63]$ der Radius des Schnittkreises mit der Kugel $r_s = 2$ LE, so folgt für den Abstand a seines Mittelpunktes vom Mittelpunkt M der Kugel K nach PYTHAGORAS:

$$a^2 + r_s^2 = r^2 \Leftrightarrow a = \pm\sqrt{r^2 - r_s^2} = \pm\sqrt{45} = \pm 3\sqrt{5}.$$

Mit dem Normaleneinheitsvektor $\vec{n}^0 = \dfrac{1}{|\vec{n}|} \cdot \vec{n} = \dfrac{1}{7} \cdot \begin{pmatrix} 2 \\ -3 \\ 6 \end{pmatrix}$ der Ebenen e_c

gilt für die Mittelpunkte der beiden Schnittkreise:

$$\vec{m}_{1,2} = \vec{m} \pm \sqrt{45} \cdot \vec{n}^0 = \begin{pmatrix} 4 \\ 4 \\ 3 \end{pmatrix} \pm \sqrt{45} \cdot \frac{1}{7} \cdot \begin{pmatrix} 2 \\ -3 \\ 6 \end{pmatrix}.$$

Die Mittelpunkte sind also (gerundet): $M_1(5{,}92|1{,}13|8{,}75)$, $M_2(2{,}08|6{,}87|-2{,}75)$.

Durch Einsetzen der Punkte erhält man die beiden möglichen Ebenengleichungen, von denen allerdings nur eine berechnet werden muss:

$$2x_1 - 3x_2 + 6x_3 = 60{,}95 \quad \text{und} \quad 2x_1 - 3x_2 + 6x_3 = -32{,}95. \quad \square$$

2 Kugel

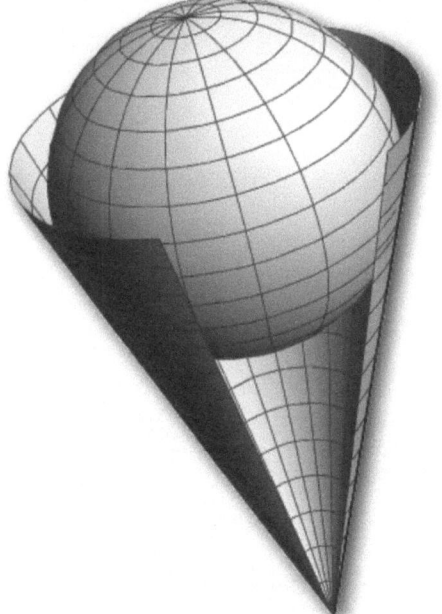

Tangentialkegel

2.10 Vermischte Aufgaben

2.10.1 Aufgaben zur Kugel

1. Mittelpunkt und Radius einer Kugel

a) Untersuchen Sie, ob der Punkt P auf der Kugel K mit dem Radius r und dem Mittelpunkt M liegt.

b) Formulieren Sie eine Gleichung, die alle Punkte P auf der Kugel K erfüllen müssen. Verwenden Sie den Ortsvektor $\vec{x}$ des Punktes P, den Ortsvektor $\vec{m}$ des Mittelpunktes M und den Radius r für diese Gleichung.

α) $M(2|-2|-5)$, $r = 17$, $P(11|6|7)$

β) $M(2|-1|3)$, $r = 3\sqrt{5}$, $P(6|4|5)$

γ) $M(-1|0|-2)$, $r = 10$, $P(-7|7|2)$

2. Bestimmung von Mittelpunkt und Radius einer Kugel durch quadratische Ergänzung

Entscheiden Sie, ob eine Kugelgleichung vorliegt und ermitteln Sie gegebenenfalls Mittelpunkt und Radius:

a) $K: x_1^2 + x_2^2 + x_3^2 - 4x_1 + 6x_2 - 12x_3 = 0$

b) $K: x_1^2 + x_2^2 + x_3^2 + 8x_1 - 18x_3 - 3 = 0$

c) $K: x_1^2 + x_2^2 + x_3^2 - 22x_1 + 20x_2 - 4x_3 + 225 = 0$

d) $K: x_1^2 + x_2^2 + x_3^2 = 3x_1 - x_2 - 3x_3 - 5$

3. Gemeinsame Punkte zweier Kugeln

Zeigen Sie, dass sich die beiden Kugeln K_1 und K_2 in einem Kreis schneiden und bestimmen Sie die Ebene e, in der der Kreis liegt, den Mittelpunkt M_s und den Radius r_s dieses Kreises:

a) $M_1(1|2|-2)$ mit $r_1 = 3$ und $M_2(4|6|-2)$ mit $r_2 = 3$

b) $M_1(1,5|3|-3)$ mit $r_1 = 4,5$ und $M_2(5|10|-10)$ mit $r_2 = 6$

c) $M_1(-4|2|-5)$ mit $r_1 = 3\sqrt{3}$ und $M_2(0|6|2)$ mit $r_2 = 3\sqrt{6}$.

2 Kugel

4. Schnittkreis mit einer Ebene

Zeigen Sie, dass die Kugel K mit dem Mittelpunkt M und dem Radius r die Ebene e in einem Kreis schneidet. Ermitteln Sie den Mittelpunkt M_s und den Radius r_s dieses Kreises.

a) $M(3|6|-4)$ mit $r = 5$ und $e: 2x_1 - 2x_2 - x_3 = 10$

b) $M(1|0|-1)$ mit $r = 13$ und $e: 12x_1 - 3x_2 + 4x_3 = 73$

c) $M(3|2|6)$ mit $r = 4\sqrt{2}$ und $e: 3x_1 + 2x_2 + 6x_3 = 21$.

5. Schnittkreis mit den Koordinatenebenen

Bestimmen Sie die Mittelpunkte und Radien der Kreise, in denen die Kugel K mit dem Mittelpunkt $M(2|-3|6)$ und dem Radius $r = 7$ die Koordinatenebenen schneidet.

6. Bestimmung einer Kugelgleichung zu gegebenem Schnittkreis und Mittelpunkt

Bestimmen Sie die Gleichung der Kugel K, die den Punkt $P(8|15|10)$ enthält und die x_1x_2-Ebene in einem Kreis um $O(0|0|0)$ mit $r_s = 7$ schneidet.

7. Tangentialebene

Gegeben ist eine Kugel K mit Mittelpunkt M und ein Punkt $B \in K$. Bestimmen Sie den Radius r der Kugel und die Gleichung der Tangentialebene e durch den Punkt B.

a) $M(1|1|4)$ und $B(3|-1|5)$

b) $M(3|0|-2)$ und $B(5|-9|4)$

c) $M(7|-7|3,5)$ und $B(2|-2|1)$

2 Kugel

8. Tangentialebenen

Gegeben ist die Kugel K mit dem Mittelpunkt $M(4|1|-8)$ und dem Radius $r = 13$.

a) Bestimmen Sie das $w > 0$, so dass $B(8|-2|w)$ auf K liegt und ermitteln Sie dann die Gleichung der Tangentialebene mit dem Berührpunkt B.

b) Überprüfen Sie, ob $e: 4x_1 - 3x_2 - 12x_3 = -60$ eine Tangentialebene an K ist und bestimmen Sie gegebenenfalls den Berührpunkt.

9. Tangentialebenen

a) Bestimmen Sie die Kugel K, die die beiden Ebenen
$$e_1: 5x_1 + 4x_2 + 3x_3 = -20 \quad \text{und}$$
$$e_2: 5x_1 + 4x_2 + 3x_3 = 50$$
berührt und deren Mittelpunkt auf der Verbindungsgeraden von $A(2|2|-1)$ und $B(3|8|1)$ liegt.

b) Bestimmen Sie die Ebene e, die die beiden Kugeln
$$K: (x_1 - 3)^2 + x_2^2 + (x_3 + 2)^2 = 36 \quad \text{und}$$
$$K': (x_1 + 1)^2 + (x_2 - 4)^2 + x_3^2 = 36$$
berührt und den Punkt $P(-1|0|5)$ enthält.

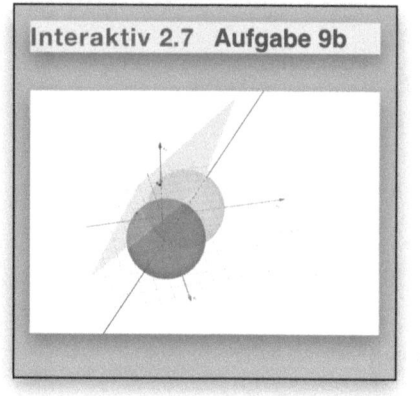

2.10.2 Lösungen zu den Aufgaben zur Kugel

Aufgabe 1: Mittelpunkt und Radius einer Kugel
  a) P liegt auf K
  b) P liegt auf K
  c) P liegt außerhalb von K.

Aufgabe 2: Bestimmung von Mittelpunkt und Radius einer Kugel durch quadratische Ergänzung
  a) $M(2|-3|6)$ und $r = 7$
  b) $M(-4|0|9)$ und $r = 10$
  c) $M(11|-10|2)$ und $r = 0$ (!)
  d) $(x_1 - 1,5)^2 + (x_2 + 0,5)^2 + (x_3 - 1,5)^2 = -0,25$
     ist für reelle x_1, x_2, x_3 nicht erfüllbar.

Aufgabe 3: Gemeinsame Punkte zweier Kugeln
  a) $e: 6x_1 + 8x_2 = 47$, $M(\frac{5}{2}|4|-2)$ und $r = \frac{1}{2}\sqrt{11}$
  b) $e: x_1 + 2x_2 - 2x_3 = 27$, $M(3|6|-6)$ und $r = 0$ (Berührpunkt!)
  c) $e: 4x_1 + 4x_2 + 7x_3 = 16$, $M(-\frac{8}{3}|\frac{10}{3}|-\frac{8}{3})$ und $r = 3\sqrt{2}$.

Aufgabe 4: Schnittkreis mit einer Ebene
  a) $d = 4$ und $M_s(\frac{17}{3}|\frac{10}{3}|-\frac{16}{3})$ mit $r_s = 3$
  b) $d = 5$ und $M_s(\frac{73}{13}|-\frac{15}{13}|\frac{7}{13})$ mit $r_s = 12$
  c) $d = 4$ und $M_s(\frac{9}{7}|\frac{6}{7}|\frac{18}{7})$ mit $r_s = 4$

2 Kugel

Lösungen zu den Aufgaben zur Kugel

Aufgabe 5: Schnittkreis mit den Koordinatenebenen
- a) $M_{12}(2|-3|0)$ mit $r_{12} = \sqrt{13}$
- b) $M_{23}(0|-3|6)$ mit $r_{23} = 3\sqrt{5}$
- c) $M_{13}(2|0|6)$ mit $r_{13} = 2\sqrt{10}$.

Aufgabe 6: Bestimmung einer Kugelgleichung zu gegebenem Schnittkreis und Mittelpunkt

$M(0|0|17)$ mit $r = 13\sqrt{2}$

Aufgabe 7: Tangentialebene
- a) $r = 3$ und $e: 2x_1 - 2x_2 + x_3 = 13$
- b) $r = 11$ und $e: 2x_1 - 9x_2 + 6x_3 = 115$
- c) $r = 7{,}5$ und $e: 2x_1 - x_2 + x_3 = 9$

Aufgabe 8: Tangentialebenen
- a) $w = 4$ und $e: 4x_1 - 3x_2 + 12x_3 = 86$
- b) $d = 13 = r \Rightarrow e$ ist Tangentialebene mit $B(0|0|4)$.

Aufgabe 9: Tangentialebenen
- a) $M(2|2|1)$ mit $r = \dfrac{7}{2}\sqrt{2}$
- b) $e: x_1 + 2x_2 - 2x_3 = -11$
  mit den Berührpunkten $B(1|-4|2)$ und $B'(-3|0|4)$.

2.10.3 Satellitennavigation

Anwendung : Die Geometrie hinter dem Global Positioning System (GPS)

GNSS (englisch **G**lobal **N**avigation **S**atellite **S**ystem) bezeichnet ein System zur Positionsbestimmung und Navigation mithilfe von Satelliten.

Häufig wird der Begriff **GPS** synonym verwendet, damit wird das für das US-Militär entwickelte erste System dieser Art, NavSTAR-GPS bezeichnet, das 1995 offiziell in Betrieb genommen wurde. Seither erobern GPS-Empfänger in Autonavigationssystemen, Smartphones und in vielen anderen mobilen Geräten die Welt. Seit 2012 ist auch das russische System **GLONASS** zugänglich, weitere Systeme sind im Aufbau, z.B. das europäische **GALILEO** oder das chinesische **BEIDOU**. Das **Global Positioning System (GPS)** hat die Aufgabe, jedem Benutzer, der über ein Empfangsgerät verfügt, dessen genaue Position auf der Erde mitzuteilen, wo auch immer er sich befindet. In der gegenwärtigen Konstellation (Stand April 2016) beruht das GPS auf *31 Satelliten*, welche die Erde ständig umkreisen und derart verteilt sind, dass mit Ausnahme der polnahen Gebiete für jeden Punkt P der Erde stets mindestens vier Satelliten über dem Horizont liegen, quasi „sichtbar" sind. Jeder Satellit $Sat_i, i \in \{1,2,\ldots,31\}$, kennt zu jedem Zeitpunkt seine exakte Raumposition $\vec{s}_i$ und teilt diese laufend den Empfängern per Funk mit. Andererseits kann das Empfangsgerät die *scheinbare* Distanz d_i zwischen seiner Position $\vec{x}$ und der augenblicklichen Satellitenposition $\vec{s}_i$ messen - und zwar erstaunlicherweise anhand der Dauer, welche das Funksignal vom Satelliten zum Empfänger braucht.

2 Kugel

Leitidee: „*Messen*"

Das kann vereinfacht so gesehen werden: Der Satellit in der Position $\vec{s}_i$ funkt die Zeitansage 12:00 Uhr, und diese trifft beim Empfänger $\vec{x}$ gemäß dessen Uhr in einer gewissen Zeitverzögerung t_i ein, woraus durch Multiplikation mit der Lichtgeschwindigkeit c der Wert $d_i = c \cdot t_i$ folgt. Dabei ist jedoch eine wesentliche Fehlerquelle zu beachten: Während die Atomuhren in den Satelliten sehr genau synchronisiert sind, ist dies bei den Empfängeruhren technisch nicht möglich. Geht etwa die Empfängeruhr um t_0 vor, so erscheinen alle Distanzen um dasselbe $d_0 = c \cdot t_0$ vergrößert.

Deshalb ist die *wahre* **Distanz**:

$$\left|\vec{s}_i - \vec{x}\right| = d_i - d_0$$

$$\left|\vec{s}_i - \vec{x}\right| = d_i - d_0 \quad \Leftrightarrow \quad \left|\vec{x} - \vec{s}_i\right| = d_i - d_0$$

$$\Leftrightarrow \quad \left|\vec{x} - \vec{s}_i\right|^2 = (d_i - d_0)^2$$

$$\Leftrightarrow \quad (\vec{x} - \vec{s}_i)^2 = (d_i - d_0)^2 \;(\ast)$$

Diese Gleichung ($\ast$) stellt nichts anderes als die Gleichung einer **Kugel** dar, mit dem Mittelpunkt $Sat_i\,(\vec{s}_i)$ der jeweiligen Satellitenposition und dem „korrigierten" Radius $d_i - d_0$, das ist die „korrigierte" Entfernung zwischen dem Punkt P auf der Erde (Empfängerort) und der Satellitenposition Sat_i. Es gibt vier Unbekannte, nämlich die drei Koordinaten x_1, x_2, x_3 des („Positions-) Vektors $\vec{x} = \begin{pmatrix} x_1 \\ x_2 \\ x_3 \end{pmatrix}$ und den durch die mangelnde Synchronisation der Empfängeruhr entstehenden Distanzfehler $d_0 \in \mathbb{R}$.

Stehen vier Satellitenpositionen $\vec{s}_i$, $i = 1,\ldots,4$ samt zugehörigen *scheinbaren* Distanzen d_i zur Verfügung, so müssen die vier Unbekannten die folgenden vier quadratischen Gleichungen erfüllen: Für $i = 1,2,3,4$ gilt

$$(\vec{x} - \vec{s}_i)^2 - (d_i - d_0)^2 = 0$$

Ausmultipliziert: $\quad \vec{x} \bullet \vec{x} - 2(\vec{s}_i \bullet \vec{x}) + \vec{s}_i \bullet \vec{s}_i - d_0^2 + 2d_id_0 - d_i^2 = 0$

Man kann zeigen, dass sich dieses (nichtlineare) Gleichungssystem auf drei lineare und eine einzige quadratische Gleichung zurückführen lässt.

Die mathematische Lösung liefert schließlich zwei mögliche Positionen $\vec{x}_1$ und $\vec{x}_2$ des Empfängers auf der Erde. Die richtige Position ist in der Regel leicht zu identifizieren, weil immer grobe Näherungswerte für $\vec{x}$ vorliegen.

Was nun die Genauigkeit einer Positionsbestimmung mit GPS angeht, so gilt es, eine Vielzahl von **Fehlerquellen** zu berücksichtigen.

Neben Satellitenfehlern, atmosphärischen Fehlern, Signalreflexionen an der Erdoberfläche sind es vor allem „Uhrenfehler". Die genaue Messung der Signallaufzeit ist elementar, da ein Zeitmessfehler von nur einer Mikrosekunde (1 μs = der millionste Teil einer Sekunde) einen Entfernungsmessfehler von $\approx 300\,m$ zur Folge hat.

Daher gibt es Zusatzsysteme, die Korrektursignale über geostationäre Satelliten abstrahlen. Diese Signale zur Korrektur werden heutzutage von jedem GPS-Empfänger standardmäßig mit verarbeitet und sind maßgeblich für die durchschnittlich erreichbaren Genauigkeiten von 5 - 15 m verantwortlich.

Aufgabe

10. **GPS (Global Position System)** (Abituraufgabe Hamburg, Gymnasium, 2012, Seite ☞ 97 ff).

2 Kugel

Interaktiv 2.8   **GPS - Simulation**

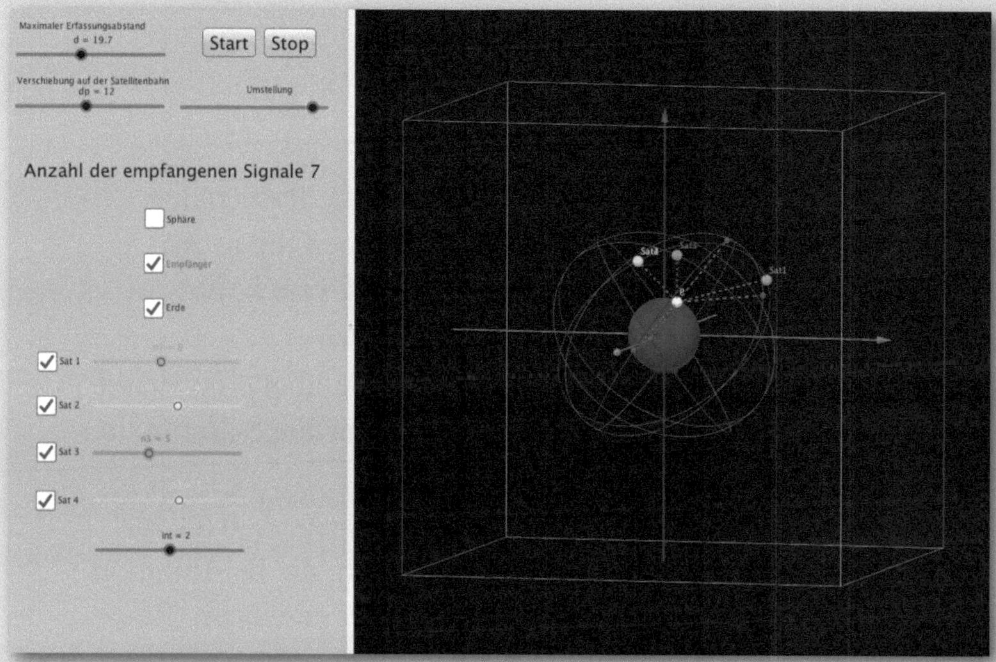

2.10.4 Aufgabe mit Querverbindungen
inklusive eines Lösungsvorschlags

Analysis, Vektorrechnung
Querverbindungen
(Kreis, Parabel, Winkel, Fläche, Rotationskörper, Volumen)

Aufgabe:

> Gegeben sind eine Schar von Kreisen k_a durch die Gleichung
> $x_1^2 + x_2^2 - 2ax_2 = 0$ bzw. $x^2 + y^2 - 2ay = 0$, $a \in \mathbb{R}$, $a > 0$ und
> eine Parabel p durch die Gleichung
> $$x_2 = \frac{1}{4}x_1^2 \text{ bzw. } y = f(x) = \frac{1}{4}x^2.$$

1.1 Berechnen Sie die Mittelpunkte und die Radien der Kreise in Abhängigkeit von a. Zeichnen Sie in ein kartesisches Koordinatensystem die Kreise k_a für $a = 1, 2, 3, 4$ und 5 sowie die Parabel p.

1.2 Welcher der Kreise k_a schneidet die Parabel p im Punkt $S(4|4)$? Berechnen Sie für diesen Kreis den Schnittwinkel mit der Parabel im Punkt $S(4|4)$.

1.3 Die Parabel schneidet aus der Kreisfläche k_4 zwei zueinander kongruente Flächenstücke ab, die bei Rotation um die x_2- bzw. y-Achse einen Körper erzeugen. Berechnen Sie den Inhalt von einem dieser Flächenstücke und das Volumen des Rotationskörpers.

1.4 Die Kreise k_a haben mit der Parabel entweder genau einen Punkt oder genau drei Punkte gemeinsam. Für welche Werte von a gibt es genau einen gemeinsamen Punkt? Der größte dieser Werte von a sei r_k. Bestätigen Sie, dass gilt: $r_k \cdot f''(0) = 1$.

2 Kugel

Lösung der Aufgabe:

1.1 $k_a: x_1^2 + x_2^2 - 2ax_2 = 0, \ a \in \mathbb{R}^+ \quad \Leftrightarrow$
$k_a: (x_1 - 0)^2 + x_2^2 - 2ax_2 + a^2 = a^2 \quad \Leftrightarrow$
$k_a: (x_1 - 0)^2 + (x_2 - a)^2 = a^2 \quad \Rightarrow \quad M_a(0|a)$ und $r_a = a$,
$k_a: x_1^2 + (x_2 - a)^2 = a^2 \ $ bzw. $\ x^2 + (y - a)^2 = a^2$.

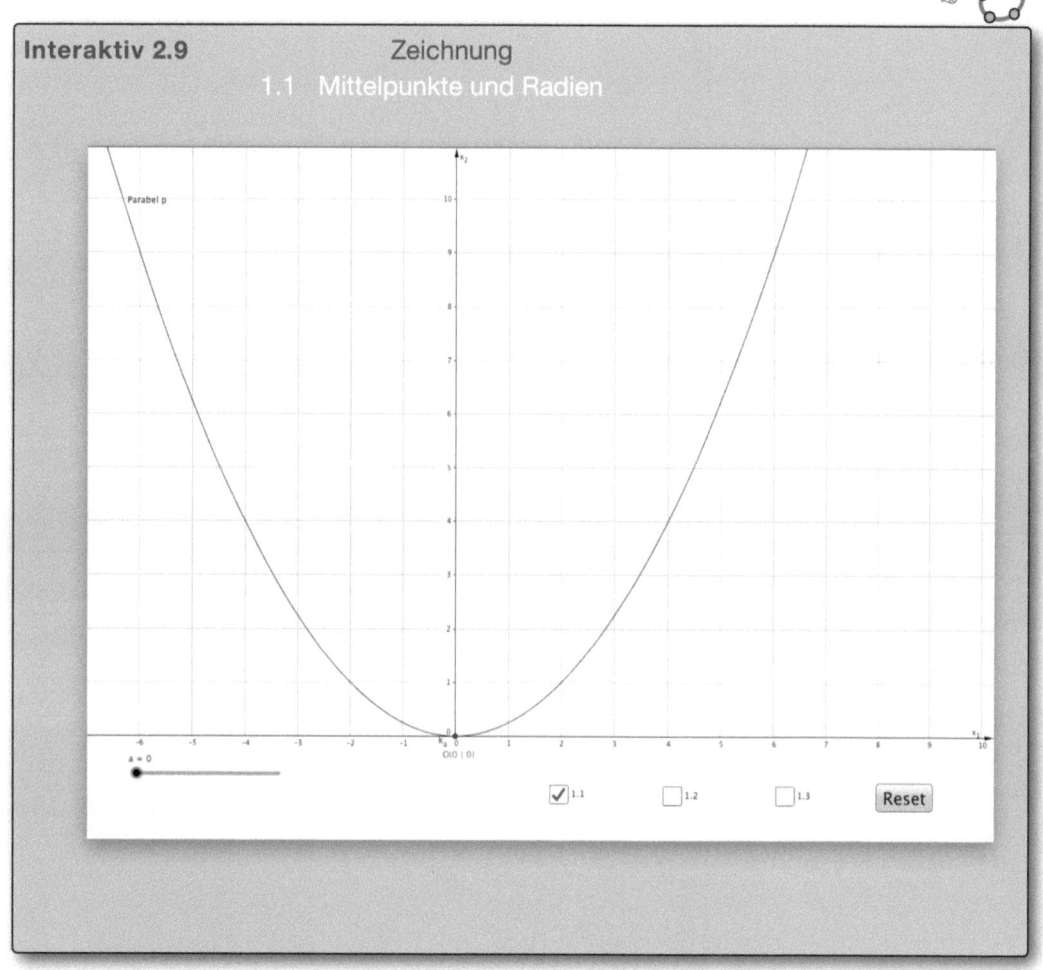

Die Kreise k_a haben die Mittelpunkte $M_a(0|a)$ und die Radien $r_a = a$.

Lösung der Aufgabe :

1.2 Es ist der **Kreis** der Schar k_a zu **ermitteln**, für den gilt: $k_a \cap p = \{S(4|4)\}$.

Aus der Zeichnung zu 1.1 bzw. durch Interaktion lässt sich vermuten, dass der gesuchte Kreis k_4 sein könnte.

Eine Möglichkeit der Verifizierung wäre eine rechnerische Überprüfung, indem man die Werte $a = 4$ sowie $S(4|4)$ in die Kreisgleichung k_a einsetzt.

Eine andere Möglichkeit besteht darin, nur die Koordinaten von $S(4|4)$ in k_a einzusetzen und daraus den gesuchten Wert für a auszurechnen:

Aus $p: x_2 = \frac{1}{4}x_1^2 \Rightarrow x_1^2 = 4x_2$ (*)

(*) eingesetzt in k_a (1.1 von Seite 119) liefert:
$$k_a: 4x_2 + (x_2 - a)^2 = a^2 \;;$$
$$\text{mit } x_2 = 4 \Rightarrow 16 + (4-a)^2 = a^2$$
$$\Leftrightarrow 16 + 16 - 8a + a^2 = a^2$$
$$\Leftrightarrow 32 - 8a = 0$$
$$\Rightarrow a = 4.$$

Schnittwinkel α zwischen k_4 und p in $S(4|4)$:

1. Möglichkeit (**Vektorrechnung**)

Man bestimmt zwei Vektoren $\vec{u}$ und $\vec{v}$, die im Punkt S in Richtung der Tangenten zeigen, die an den Kreis k_4 bzw. die Parabel p in S gelegt sind. Z.B. $\vec{u} = \begin{pmatrix} 0 \\ 2 \end{pmatrix}$ bzw. $\vec{v} = \begin{pmatrix} 1 \\ 2 \end{pmatrix}$.

Der Winkel zwischen diesen beiden Vektoren ist der gesuchte Schnittwinkel α:

$$\cos(\alpha) = \frac{\vec{u} \cdot \vec{v}}{|\vec{u}| \cdot |\vec{v}|} = \frac{\begin{pmatrix} 0 \\ 2 \end{pmatrix} \cdot \begin{pmatrix} 1 \\ 2 \end{pmatrix}}{2 \cdot \sqrt{5}} = \frac{4}{2 \cdot \sqrt{5}} = \frac{2}{\sqrt{5}}$$

$$\alpha = \cos^{-1}\left(\frac{2}{\sqrt{5}}\right) = 26{,}565° \Rightarrow \alpha \approx 26{,}57°.$$

Interaktiv 2.10
Schnittwinkel

2 Kugel

Lösung der Aufgabe :

1.2 Schnittwinkel α zwischen k_4 und p in $S(4|4)$:

*2.Möglichkeit (**Analysis**)*

Aus $p : f(x) = \dfrac{1}{4}x^2$

$\Rightarrow f'(x) = \dfrac{1}{2}x$.

Also $f'(4) = 2 = \tan(\beta)$, somit $\beta = \tan^{-1}(2) = 63{,}435°$.

Der Schnittwinkel α ist dann
$\alpha = 90° - \beta$
$\alpha = 90° - 63{,}435° = 26{,}565°$
$\alpha \approx 26{,}57°$.

Man vergleiche auch in App 2.10 auf Seite 120.

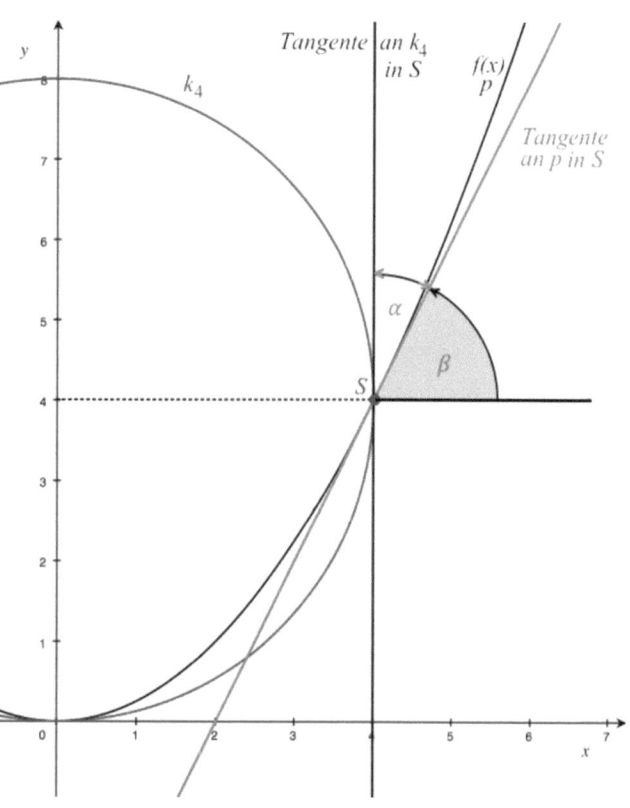

1.3

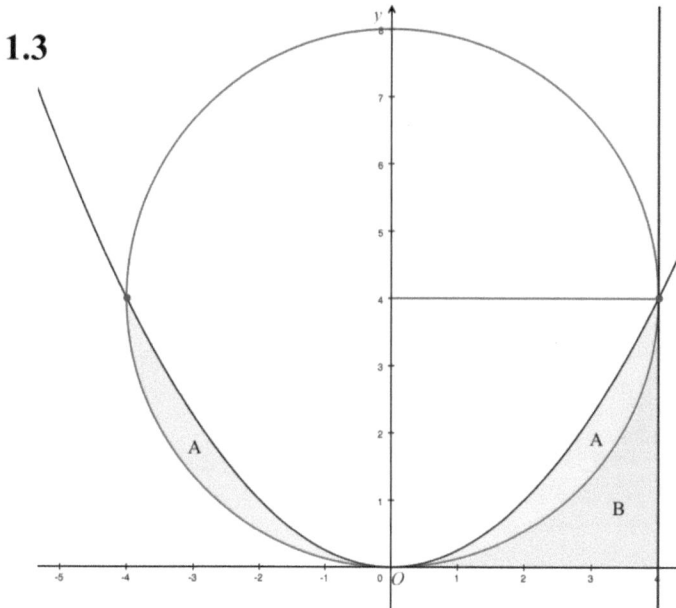

Lösungsstrategie :

Flächeninhalt A

A_P = Inhalt der Fläche unter der Parabel p über [0;4]

B = Inhalt der Fläche unter dem (Viertel-)Kreis

$B = A_{\text{Quadrat}} - A_{\text{Viertelkreis}}$

$A = A_P - B$

Volumen V

$V = V_{\text{Halbkugel}} - V_{\text{Paraboloid}}$

Lösung der Aufgabe :

1.3 Berechnung des Flächeninhalts : $A = A_P - B$

$$A_P = \int_0^4 f(x)dx = \int_0^4 \frac{1}{4}x^2 dx = \left[\frac{1}{12}x^3\right]_0^4 = \frac{64}{12} = 5,\overline{3} \ FE$$

$$B = A_{\text{Quadrat}} - A_{\text{Viertelkreis}} = (16 - \frac{1}{4} \cdot \pi \cdot 4^2) \ FE = (16 - 4\pi) \ FE \approx 3{,}43 \ FE$$

Damit erhält man für den Inhalt A eines Flächenstücks:

$A = A_P - B$

$A \approx (5,\overline{3} - 3{,}43) \ FE \approx 1{,}9 \ FE \qquad A \approx 1{,}9 \ FE$

Die gesamte Fläche beträgt demnach: $\qquad A_G \approx 2 \cdot 1{,}9 \ FE = 3{,}8 \ FE$

Berechnung des Volumens V des Rotationskörpers :

$V = V_{\text{Halbkugel}} - V_{\text{Paraboloid}}$

$$V_{\text{Halbkugel}} = \frac{1}{2} \cdot \frac{4}{3} \cdot \pi \cdot r^3 = \frac{2}{3}\pi \cdot 4^3 = \frac{128}{3}\pi$$

$$V_{\text{Paraboloid}} = V_y = \pi \int_{y_1}^{y_2} x^2 dy = \pi \int_0^4 4y \, dy = \pi \cdot \left[4 \cdot \frac{1}{2}y^2\right]_0^4 = 32\pi \ FE$$

(Man beachte: Aus $y = f(x) = \frac{1}{4}x^2 \Rightarrow x^2 = 4y$)

Damit erhält man für das
Volumen V des Rotationskörpers:

$V = (\frac{128}{3}\pi - 32\pi) \ VE = \frac{32}{3}\pi \ VE \Rightarrow$

$V \approx 33{,}5 \ VE$

Interaktiv 2.11
Rotationskörper

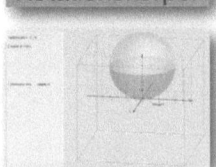

2 Kugel

Lösung der Aufgabe :

1.4 Gemeinsame Punkte von k_a und p :

Mit den Lösungen zur Teilaufgabe 1.1 bzw. aus der App 2.9 von Seite 119 lässt sich vermuten, dass für die Kreise k_1 und k_2 beispielsweise genau ein Schnittpunkt $O(0|0)$ mit der Parabel p existiert, für die Kreise k_3, k_4 und k_5 dagegen genau drei gemeinsame Punkte mit p vorliegen. Dies ist natürlich bestenfalls ein Lösungshinweis, eine kleine Orientierungshilfe, da ja für den Parameter a mit $a \in \mathbb{R}$ und $a > 0$ eine Untersuchung auf gemeinsame Punkte von den Kreisen k_a mit der Parabel p durchgeführt werden soll:

k_a: $x^2 + y^2 - 2ay = 0$ **(I)** und p: $y = f(x) = \dfrac{1}{4}x^2$ **(II)**

(II) eingesetzt in **(I)** liefert:

$x^2 + \left(\dfrac{1}{4}x^2\right)^2 - 2a \cdot \dfrac{1}{4}x^2 = 0 \Leftrightarrow x^2 + \dfrac{1}{16}x^4 - \dfrac{1}{2}ax^2 = 0 \mid \cdot 16 \Leftrightarrow$

$16x^2 + x^4 - 8ax^2 = 0 \qquad \Leftrightarrow x^4 + (16 - 8a)x^2 = 0 \qquad \Leftrightarrow$

$x^2 \cdot (x^2 + 16 - 8a) = 0 \qquad \Leftrightarrow x = 0 \;\vee\; x^2 + 16 - 8a = 0 \Leftrightarrow$

$x_{1,2} = 0 \;\vee\; x^2 = 8a - 16 \qquad \Leftrightarrow x_{1,2} = 0 \;\vee\; |x| = \sqrt{8a - 16}$

Es gibt demnach genau drei (verschiedene) Lösungen für x, und zwar $x = 0$, $x = \sqrt{8a - 16}$ und $x = -\sqrt{8a - 16}$, sofern die folgende Bedingung erfüllt ist: $8a - 16 > 0$ (Radikand > 0).
Genau einen gemeinsamen Punkt gibt es somit für $8a - 16 \leq 0$.

Für $a \in \mathbb{R}$ mit $0 < a \leq 2$ gibt es genau einen gemeinsamen Punkt.
Für $a \in \mathbb{R}$ mit $a > 2$ gibt es genau drei gemeinsame Punkte.

Zu zeigen: $r_k \cdot f''(0) = 1$ mit $r_k = 2$ und $f''(x) = \dfrac{1}{2}$

$r_k \cdot f''(0) = 2 \cdot \dfrac{1}{2} = 1$ ✓ .

❑

3 Gebrochenrationale Funktionen

Eine *gebrochenrationale Funktion* ist eine Funktion, die sich als *Bruch* darstellen lässt.

$$f(x) = \frac{p(x)}{q(x)}$$

$$f: x \mapsto \frac{Polynom\ p(x)}{Polynom\ q(x)}$$

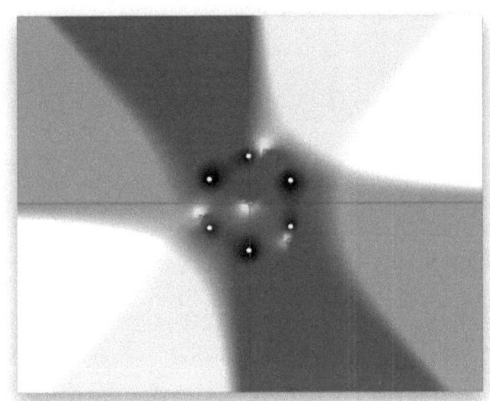

3 Gebrochenrationale Funktionen

3.1 Definition und Bezeichnung

Definition (Gebrochenrationale Funktion)

Sind p und q ganzrationale Funktionen vom Grad n bzw. m, dann heißt die Funktion

$$f: \mathbb{R} \setminus \{x \mid q(x)=0\} \to \mathbb{R}, \quad x \mapsto f(x) \quad \text{mit}$$

$$f(x) = \frac{p(x)}{q(x)} = \frac{a_n x^n + a_{n-1} x^{n-1} + \ldots + a_1 x + a_0}{b_m x^m + b_{m-1} x^{m-1} + \ldots + b_1 x + b_0}$$

rationale Funktion mit dem **Zählergrad** n und dem **Nennergrad** m.
Dabei sind $a_k, b_k \in \mathbb{R}$; $a_n \neq 0$; $b_m \neq 0$; $m, n \in \mathbb{N}$.
Das Polynom $p(x)$ heißt **Zählerpolynom**, das Polynom $q(x)$ heißt **Nennerpolynom**.
Ist $m = 0$, so ist f eine *ganzrationale* Funktion.
Ist $m \neq 0$, so nennt man f eine ***gebrochenrationale Funktion***.

Bei der Bildung des Quotienten zweier Funktionen ist darauf zu achten, dass im Nenner des Bruchs immer ein von Null verschiedener Wert stehen muss. Für die maximale **Definitionsmenge** $D_{\max}$ einer gebrochenrationalen Funktion gilt somit:

$$D_{\max} = \{x \in \mathbb{R} \mid q(x) \neq 0\} = \mathbb{R} \setminus \{x_1, x_2, \ldots, x_r\}.$$

Dabei sind $x_1, x_2, \ldots, x_r$ die Nullstellen des Nennerpolynoms $q(x)$. Sie werden als **Definitionslücken** der gebrochenrationalen Funktion f bezeichnet.
Die Menge der ganzrationalen Funktionen und die Menge der gebrochenrationalen Funktionen sind demnach Teilmengen der Menge der rationalen Funktionen.
Aus früheren Überlegungen im Bereich der Analysis folgt der

Satz

Jede rationale und somit auch jede gebrochenrationale Funktion ist in ihrer Definitionsmenge stetig und beliebig oft differenzierbar.

Klassifizierung gebrochenrationaler Funktionen und Beispiele

Wir unterteilen gebrochenrationale Funktionen in zwei Klassen:
- gilt Zählergrad $n <$ Nennergrad m, so heißt f **echt gebrochenrational**,

  Beispiel: $f(x) = \dfrac{x}{x^3 - 4x}$

- gilt Zählergrad $n \geq$ Nennergrad m, so heißt f **unecht gebrochenrational**,

  Beispiele: $f(x) = \dfrac{2x^2 + 2}{3x^2 - 1}$; $f(x) = \dfrac{x^3 + 2}{x^2 - 9x}$

Weitere **Beispiele**

a) $f(x) = \dfrac{x^3 - 2x}{x^2 + 1}$ ist unecht gebrochenrational.

b) $f(x) = \dfrac{1}{x + 1}$ ist echt gebrochenrational.

c) $f(x) = \dfrac{x - 1}{2} = \dfrac{1}{2}(x - 1)$ ist nicht gebrochenrational, sondern ganzrational.

d) $f(x) = \dfrac{\sqrt{x}}{x^3 + 1}$ ist nicht rational ($\sqrt{x} = x^{\frac{1}{2}}$, also kein ganzzahliger bzw. natürlicher Exponent).

Aufgaben

1. Entscheiden Sie, ob die Funktionen gebrochenrational sind.

   a) $f(x) = \dfrac{1}{x}$

   b) $f(x) = \dfrac{x + 1}{\sqrt{2}}$

   c) $f(x) = \dfrac{x - 1}{\sqrt{x}}$

   d) $f(x) = \dfrac{\sqrt{2} \cdot x}{x + 1}$

   e) $f(x) = \dfrac{x - 1}{x^2 - 4}$

   f) $f(x) = \dfrac{1}{x} + 1$

3 Gebrochenrationale Funktionen

Aufgaben

1. Entscheiden Sie, ob die Funktionen gebrochenrational sind.

   g) $f(x) = \dfrac{x^2 - 2x + 1}{4x}$
   h) $f(x) = \dfrac{x^2 - 2}{4}$
   i) $f(x) = \dfrac{\sin(x)}{x}$

2. Bestimmen Sie für die gebrochenrationalen Funktionen die maximale Definitionsmenge und geben Sie an, um welche Art von gebrochenrationaler Funktion es sich jeweils handelt.

   a) $f(x) = \dfrac{1}{x-5}$
   b) $f(x) = \dfrac{x^2}{x+2}$
   c)^E $f(x) = \dfrac{x^2+1}{(x-1)(x+1)}$

   d)^E $f(x) = \dfrac{x-1}{x^3-2x^2}$
   e) $f(x) = \dfrac{x^2}{x^2-4x+4}$
   f)^E $f(x) = \dfrac{x^3-1}{x^2-x-6}$

   g)^E $f(x) = \dfrac{x^3+1}{x^3+6x^2+9x}$
   h)^E $f(x) = \dfrac{x}{x^2+7}$
   i)^E $f(x) = \dfrac{1}{x^2-x-6}$

3. Bestimmen Sie D_{max} und die Nullstellen. Welche Art von gebrochenrationaler Funktion liegt vor?

   a) $f(x) = \dfrac{x^2}{x-1}$
   b)^E $f(x) = \dfrac{1}{1-x^2}$
   c)^E $f(x) = \dfrac{x^2-1}{x^2+1}$

   d)^E $f(x) = \dfrac{x^2-2x+1}{x^3-9x}$
   e)^E $f(x) = \dfrac{x^2-2x}{x^2-2}$
   f)^E $f(x) = \dfrac{x^2+2x+2}{x^2+x-2}$

   g) $f(x) = \dfrac{x^2-2x}{(x-3)^2}$
   h) $f(x) = \dfrac{x^2+2x+2}{(x+2)^2}$
   i) $f(x) = \dfrac{x^2+x-2}{x+\frac{1}{2}}$

3.2 Einfache und allgemeine^E gebrochenrationale Funktionen

Vorbemerkung

Als *einfache gebrochenrationale Funktionen* werden in diesem Abschnitt Funktionen der folgenden Form bezeichnet:

$$f(x) = \frac{ax^2 + bx + c}{x + d} \quad \text{mit} \quad a, b, c, d \in \mathbb{R}$$

$$f(x) = \frac{ax^2 + bx + c}{(x + d)^2} \quad \text{mit} \quad a, b, c, d \in \mathbb{R}.$$

Ausschließlich solche Funktionen sind im Pflichtbereich des *G-Kurses* obligatorisch und sollten dort im Unterricht behandelt werden.

Im *E-Kurs* werden im Pflichtbereich *allgemeinere gebrochenrationale Funktionen* behandelt, also ohne besondere Einschränkung. Textabschnitte, Beispiele sowie Aufgaben, die nur für den E-Kurs vorgesehen sind, werden mit einem hochgestellten ^{E} gekennzeichnet. Diese können natürlich im G-Kurs *fakultativ* ebenfalls bearbeitet werden. Alle übrigen nicht besonders gekennzeichneten Teile sind für den G-Kurs und den E-Kurs geeignet.

Beispiele *für Funktionen im G-Kurs*

$f(x) = \dfrac{x^2 + 2x - 3}{x + 1} \quad$ mit $\quad a = 1, b = 2, c = -3$ und $d = 1$

$f(x) = \dfrac{x^2 - 2x}{(x - 1)^2} \quad$ mit $\quad a = 1, b = -2, c = 0$ und $d = -1$

3 Gebrochenrationale Funktionen

Polstellen bei gebrochenrationalen Funktionen

Die maximale Definitionsmenge D_{max} einer gebrochenrationalen Funktion ist davon abhängig, welche Nullstellen das Nennerpolynom $q(x)$ hat. Sind $x_1, x_2, \ldots x_r$ diese Nullstellen, so hat die maximale Definitionsmenge die Form
$$D_{max} = \mathbb{R} \setminus \{x_1, x_2, \ldots, x_r\}.$$

Definitionslücke

Eine Stelle $x_0 \in \mathbb{R}$ heißt **Definitionslücke** von f mit $f(x) = \dfrac{p(x)}{q(x)}$, wenn $q(x_0) = 0$ ist.

Im Folgenden werden nur Funktionen mit gekürztem Funktionsterm betrachtet. In diesem Fall heißen die Definitionslücken *Polstellen*.

Polstelle

Ist f mit $f(x) = \dfrac{p(x)}{q(x)}$ eine gebrochenrationale Funktion, x_0 eine Nullstelle des Nenner(polynom)s $q(x)$ und nicht Nullstelle des Zähler(polynom)s $p(x)$, so heißt x_0 **Polstelle von** f.

Oft wird eine Polstelle auch als *Unendlichkeitsstelle* bezeichnet; dies wird bei der Betrachtung der einseitigen Grenzwerte an einer Definitionslücke x_0 einer gebrochenrationalen Funktion deutlich, wo es vorkommen kann, dass die Funktionswerte über alle Schranken wachsen („gegen $+\infty$ gehen") oder unter alle Schranken fallen („gegen $-\infty$ gehen"), d.h. dass die Grenzwerte für $x \to x_0$ *uneigentlich* sind.

Einfache Beispiele für Funktionen dieser Art sind wiederum die Potenzfunktionen mit negativen Exponenten.
Zwei Beispiele auf der folgenden Seite sollen dies verdeutlichen:

3 Gebrochenrationale Funktionen

Beispiel 1 (Kehrwertfunktion)

$$f: \mathbb{R}\setminus\{0\} \to \mathbb{R}, x \mapsto x^{-1} = \frac{1}{x}$$

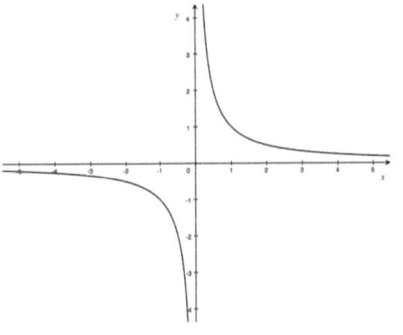

Beispiel 2 (Potenzfunktion)

$$f: \mathbb{R}\setminus\{0\} \to \mathbb{R}, x \mapsto x^{-2} = \frac{1}{x^2}$$

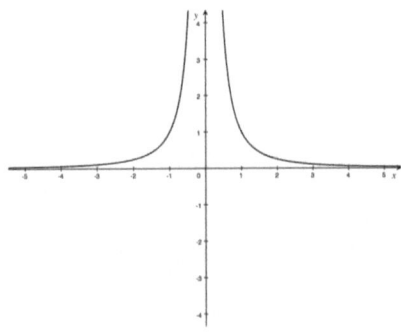

Markant ist bei beiden Funktionen der Verlauf des Graphen in der Nähe der Definitionslücke $x_0 = 0$. An dieser Stelle liegt in beiden Beispielen eine Polstelle vor. Die Annäherung an die Definitionslücke bzw. Polstelle 0 kann mit Hilfe von Grenzwerten wie folgt beschrieben werden:

$x > 0 \Rightarrow \dfrac{1}{x} > 0 \;\; \Rightarrow \lim\limits_{x \to 0^+} f(x) = +\infty$

$x < 0 \Rightarrow \dfrac{1}{x} < 0 \;\; \Rightarrow \lim\limits_{x \to 0^-} f(x) = -\infty$

$\lim\limits_{x \to 0^\pm} f(x) = +\infty$

$x_0 = 0$ ist eine **Polstelle mit Vorzeichenwechsel**

$x_0 = 0$ ist eine **Polstelle ohne Vorzeichenwechsel**

Es ergibt sich jeweils keine reelle Zahl als Grenzwert. Es liegt demnach kein Grenzwert im eigentlichen Sinn vor. Man spricht auch in diesem Fall von **uneigentlichen Grenzwerten**.

Uneigentliche Grenzwerte bei der Annäherung an eine Definitionslücke x_0 treten nicht nur bei Potenzfunktionen mit negativen Exponenten auf. Sie sind bei gebrochenrationalen Funktionen die Regel.

3 Gebrochenrationale Funktionen

Beispiel

Wir betrachten die Funktion f mit der Gleichung

$$f(x) = \frac{x-1}{x-3} \quad .$$

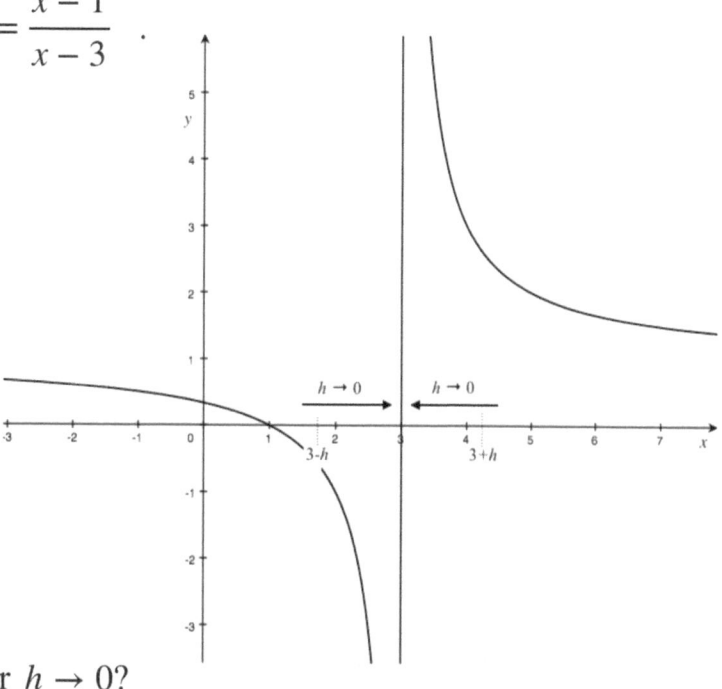

Die Funktion f besitzt die Definitionslücke 3. Die Definitionsmenge ist daher $D = \mathbb{R}\setminus\{3\}$.

Wir betrachten für eine Hilfszahl h mit $h>0$ und $h \ll 1$ (lies: „h sehr viel kleiner als 1") die Stellen $3-h$ und $3+h$ links und rechts der Definitionslücke 3. Wie verhalten sich die Funktionswerte $f(3-h)$ und $f(3+h)$ für $h \to 0$?

Es gilt:

$$f(3-h) = \frac{(3-h)-1}{(3-h)-3} \qquad f(3+h) = \frac{(3+h)-1}{(3+h)-3}$$

$$= \frac{2-h}{-h} = -\frac{2}{h}+1 \qquad = \frac{2+h}{h} = \frac{2}{h}+1$$

In beiden Fällen erhält man für $h \to 0$ keinen endlichen Wert, da h jeweils im Nenner auftritt. Somit ergeben sich die uneigentlichen Grenzwerte:

$$\lim_{x \to 3^-} f(x) = \lim_{h \to 0} f(3-h) \qquad \lim_{x \to 3^+} f(x) = \lim_{h \to 0} f(3+h)$$

$$= \lim_{h \to 0}\left(-\frac{2}{h}+1\right) = -\infty \qquad = \lim_{h \to 0}\left(\frac{2}{h}+1\right) = +\infty$$

4. Gegeben ist die Funktion

$$f: D_{max} \to \mathbb{R}, \quad x \mapsto \frac{x+1}{2-x}.$$

a) Geben Sie D_{max} an.

b) Begründen Sie die Lage der Nullstelle.

c) Lesen Sie aus der Zeichnung die uneigentlichen Grenzwerte an der Definitionslücke ab.

d) Bestätigen Sie das Ergebnis durch Berechnung einiger Funktionswerte in der Nähe der Definitionslücke.

e) Führen Sie einen rechnerischen Nachweis wie in dem Beispiel von Seite 129 durch.

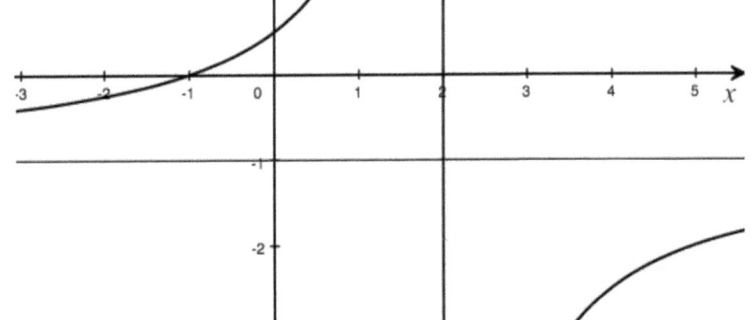

3 Gebrochenrationale Funktionen

5. Gegeben ist die Funktion
$$f: D_{max} \to \mathbb{R}, \quad x \mapsto \frac{x^2 - 2x}{(x-1)^2}.$$

a) Geben Sie D_{max} an.
b) Begründen Sie die Lage der Nullstellen.
c) Lesen Sie aus der Zeichnung die uneigentlichen Grenzwerte an der Definitionslücke ab.
d) Bestätigen Sie das Ergebnis rechnerisch.

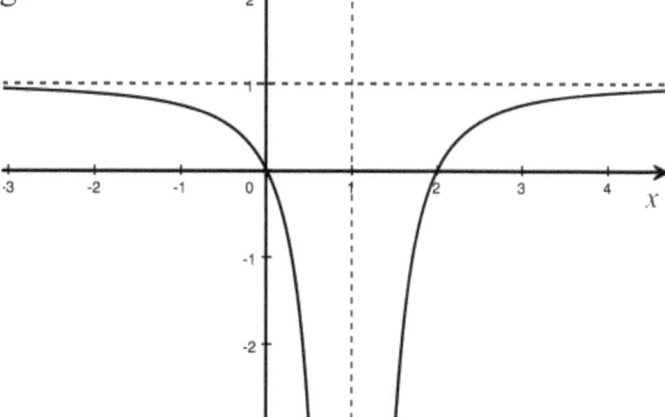

Sind also die einseitigen Grenzwerte an einer Definitionslücke uneigentlich, spricht man von einer **Unendlichkeitsstelle** oder **Polstelle**.

Um den Verlauf des Graphen einer Funktion in der Nähe einer Polstelle besser darstellen zu können, zeichnet man als Hilfslinie eine Parallele zur y-Achse durch die Polstelle.

Nähern sich die x-Werte der Polstelle, so kommen die Funktionswerte dieser Parallelen zur y-Achse beliebig nahe, ohne sie zu erreichen. Man spricht von einer **asymptotischen Annäherung** und bezeichnet die Parallele zur y-Achse als **senkrechte Asymptote**[1] oder auch als **Polgerade**.

---

[1] asymptotos (griech.), nicht zusammenfallend

Aufgaben

6. Lesen Sie aus den Abbildungen die Polstellen ab und geben Sie an, um welche Art von Polstellen es sich handelt.

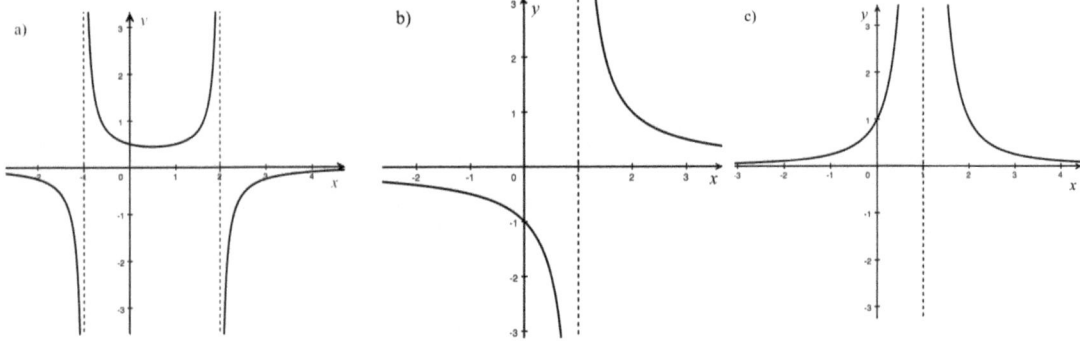

7. Ordnen Sie die Funktionsgraphen der richtigen Funktion zu. Begründen Sie Ihre Antwort mit möglichst vielen Argumenten. Bestimmen Sie zur Kontrolle rechnerisch den jeweiligen y-Achsenabschnitt.

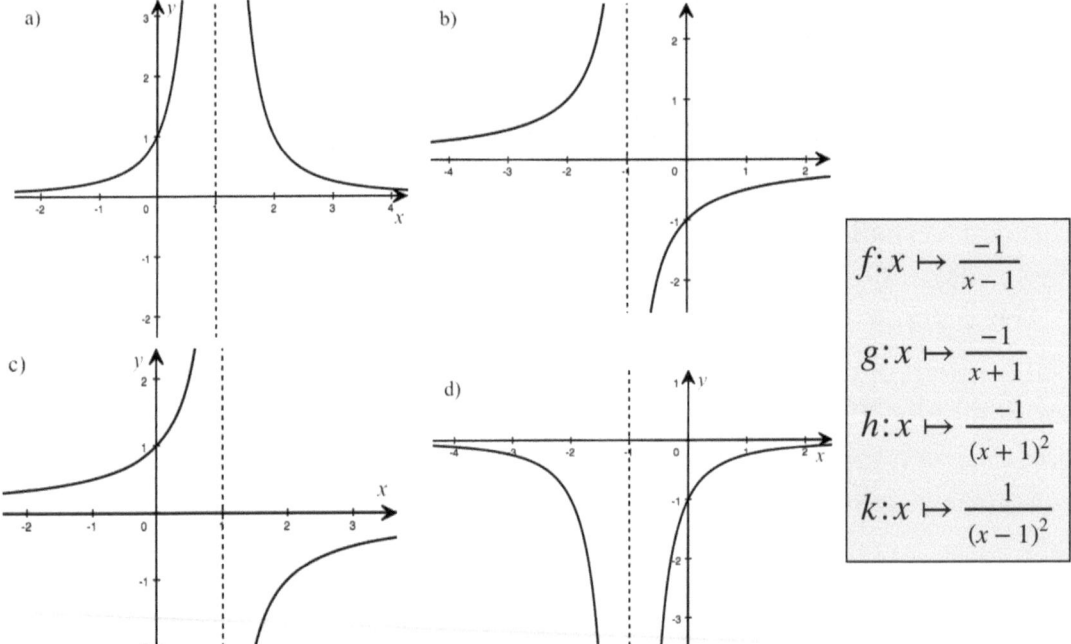

$$f: x \mapsto \frac{-1}{x-1}$$

$$g: x \mapsto \frac{-1}{x+1}$$

$$h: x \mapsto \frac{-1}{(x+1)^2}$$

$$k: x \mapsto \frac{1}{(x-1)^2}$$

3 Gebrochenrationale Funktionen

8. Die Graphen in den Abbildungen unten gehören zu Funktionen des Typs
$x \mapsto \dfrac{a}{x - x_0}$ bzw. $x \mapsto \dfrac{a}{(x - x_0)^2}$. Bestimmen Sie eine Funktionsgleichung.

Tipp: Der Wert des Parameters a kann z.B. über den y-Achsenabschnitt bestimmt werden.

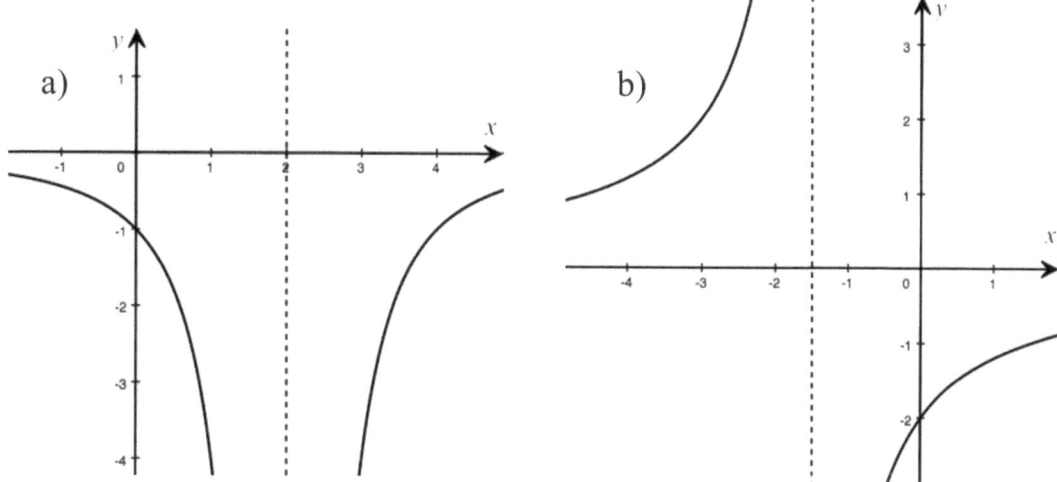

a)

b)

9. Geben Sie D_{max} an und skizzieren Sie den Graphen der Funktion.

a) $f: D_{max} \to \mathbb{R}, x \mapsto \dfrac{1}{x+1}$

b) $f: D_{max} \to \mathbb{R}, x \mapsto \dfrac{-1}{(x-1)^2}$

c) $f: D_{max} \to \mathbb{R}, x \mapsto \dfrac{1}{1-x}$

d) $f: D_{max} \to \mathbb{R}, x \mapsto \dfrac{1}{x^2 + 2x + 1}$

Asymptoten bei gebrochenrationalen Funktionen

Grenzverhalten echt gebrochenrationaler Funktionen

Bei echt gebrochenrationalen Funktionen ist der Grad des Nennerpolynoms größer als der Grad des Zählerpolynoms. Für das Grenzverhalten für $x \to \pm\infty$ bedeutet dies, dass das Nennerpolynom betragsmäßig schneller wächst als das Zählerpolynom. Für $x \to \pm\infty$ nähern sich die Funktionswerte dem Wert 0.

> **Satz**
> **(Grenzwerte bei echt gebrochenrationalen Funktionen im Unendlichen)**
> Sei f eine echt gebrochenrationale Funktion. Dann besitzt f für $x \to \pm\infty$ den Grenzwert 0.
> $$\lim_{x \to -\infty} f(x) = \lim_{x \to +\infty} f(x) = 0.$$
> Die **x-Achse** mit der Gleichung $y = 0$ **ist Asymptote** für den Funktionsgraphen.

Grenzverhalten unecht gebrochenrationaler Funktionen

Jede unecht gebrochenrationale Funktion f lässt sich durch eine **Polynomdivision** additiv zerlegen in eine ganzrationale Funktion f_A und in eine echt gebrochenrationale Restfunktion r:
$$f(x) = \frac{p(x)}{q(x)} = f_A(x) + \frac{v(x)}{q(x)} = f_A(x) + r(x).$$

> **Beispiel (Polynomdivision)**
> $f: \mathbb{R}\setminus\{-1\} \to \mathbb{R}, \, x \mapsto \dfrac{x^2 + 2x - 3}{x + 1}$
>
> $f(x) = \dfrac{x^2 + 2x - 3}{x + 1} = (x^2 + 2x - 3):(x+1) = \underbrace{x + 1}_{f_A(x)} + \underbrace{\dfrac{-4}{x+1}}_{r(x)}$
>
> $\quad\quad\quad\quad\quad\quad\quad\quad -(x^2 + x)$
> $\quad\quad\quad\quad\quad\quad\quad\quad\quad\quad\overline{\quad x - 3}$
> $\quad\quad\quad\quad\quad\quad\quad\quad\quad\quad -(x + 1)$
> $\quad\quad\quad\quad\quad\quad\quad\quad\quad\quad\quad\quad\overline{-4}$

3 Gebrochenrationale Funktionen

Eine solche Zerlegung wie im Beispiel auf der Seite davor ist für das Grenzverhalten bedeutsam. Für $x \to \pm\infty$ gilt $\lim\limits_{x\to\pm\infty} r(x) = 0$, da der Restterm $r(x)$ immer eine echt gebrochenrationale Funktion darstellt.

- Die unecht gebrochenrationale Funktion f zeigt somit für $x \to \pm\infty$ das gleiche Verhalten wie die verbleibende (ganzrationale) Polynomfunktion f_A (**Asymptotenfunktion**).
- Der Betrag $|r(x)|=|f(x) - f_A(x)|$ der Restfunktion beschreibt den vertikalen Abstand des Graphen der Funktion f von seiner Asymptote an der Stelle x.

Aufgabe

10. Polynomdivision

Zerlegen Sie die unecht gebrochenrationale Funktion f in einen ganzrationalen und einen echt gebrochenrationalen Anteil ($a \neq 0$).

a) $f(x) = \dfrac{x^2 - x + 2}{x - 2}$

b) $f(x) = \dfrac{x^2 + 3}{x - 2}$

c)^E $f(x) = \dfrac{x^3 + 3x^2 - x + 1}{x + 1}$

d) $f(x) = \dfrac{3x^2 + 4x + 24}{4x}$

e) $f(x) = \dfrac{1 - x + x^2}{1 + 2x}$

f)^E $f(x) = \dfrac{x^3 - 2x^2 + 3}{(1 - x)^2}$

g)^E $f(x) = \dfrac{ax^3}{x^2 - 2}$

h)^E $f(x) = \dfrac{ax^3 - x^2 + 1}{1 - ax}$

Beispiel (Einfache) Unecht gebrochenrationale Funktion mit waagerechte Asymptote

$$f(x) = \frac{2x+3}{x-1} \; ; \; D_{max} = \mathbb{R}\setminus\{1\}$$

Für die Funktion f ergibt sich durch Polynomdivision: $f(x) = \underbrace{2}_{f_A(x)} + \underbrace{\frac{5}{x-1}}_{r(x)}$

Somit gilt:
$$\lim_{x\to -\infty} f(x) = \lim_{x\to -\infty}\left(2 + \frac{5}{x-1}\right) = 2 \text{ und } \lim_{x\to +\infty} f(x) = \lim_{x\to +\infty}\left(2 + \frac{5}{x-1}\right) = 2.$$

Eine Gleichung der **waagerechten** Asymptote lautet: $f_A(x) = 2$.

Weiterhin ist:
$$r(x) = f(x) - f_A(x) = \left(2 + \frac{5}{x-1}\right) - 2 = \frac{5}{x-1}.$$

Annäherung:

- $r(x) = \dfrac{5}{x-1} < 0$

  für $x \to -\infty$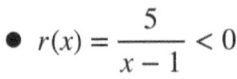

- $r(x) = \dfrac{5}{x-1} > 0$

  für $x \to +\infty$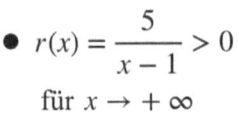

G_f schmiegt sich also für betragsgroße x immer mehr an den Graphen der Funktion f_A, also der Geraden mit der Gleichung $y = 2$, an. Dabei schmiegt sich G_f für $x \to -\infty$ **von unten** und für $x \to +\infty$ **von oben** an den Graphen der Funktion f_A an.

Da die Gleichung $f(x) = f_A(x) \Leftrightarrow \underbrace{f(x) - f_A(x)}_{r(x)} = 0 \Leftrightarrow \dfrac{5}{x-1} = 0$ nicht lösbar ist, hat G_f keinen Schnittpunkt mit der waagrechten Asymptote.

3 Gebrochenrationale Funktionen

Beispiel (Einfache) Unecht gebrochenrationale Funktion mit schiefer Asymptote

$$f(x) = \frac{x^2 + 2x - 3}{x + 1} \;;\; D_{max} = \mathbb{R}\setminus\{-1\}$$

Für die Funktion f ergibt sich durch Polynomdivision: $f(x) = \underbrace{x + 1}_{f_A(x)} + \underbrace{\frac{-4}{x + 1}}_{r(x)}$.

Somit gilt:

$\lim\limits_{x \to -\infty} f(x) = \lim\limits_{x \to -\infty} (x + 1 + \frac{-4}{x + 1}) = -\infty$ und

$\lim\limits_{x \to +\infty} f(x) = \lim\limits_{x \to +\infty} (x + 1 + \frac{-4}{x + 1}) = +\infty$.

Eine Gleichung der **schiefen** Asymptote lautet: $f_A(x) = x + 1$.

Weiterhin ist:

$r(x) = f(x) - f_A(x) = \frac{-4}{x + 1}$.

Annäherung:

- $r(x) = \frac{-4}{x + 1} > 0$

  für $x \to -\infty$

- $r(x) = \frac{-4}{x + 1} < 0$

  für $x \to +\infty$

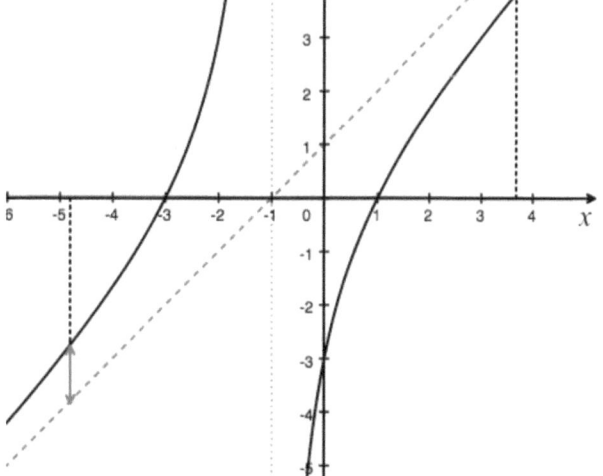

G_f schmiegt sich also für betragsgroße x immer mehr an den Graphen der Funktion f_A, also der Geraden mit der Gleichung $y = x + 1$, an. Dabei schmiegt sich G_f für $x \to -\infty$ **von oben** und für $x \to +\infty$ **von unten** an den Graphen der Funktion f_A an.

3 Gebrochenrationale Funktionen

Beispiel Gekrümmte Kurve als Asymptote ᴱ

$$f: \mathbb{R}\setminus\{2\} \to \mathbb{R}, x \mapsto \frac{1}{6} \cdot \frac{x^3}{x-2}$$

Mithilfe einer Polynomdivision ergibt sich:

$$f(x) = \frac{1}{6} \cdot \frac{x^3}{x-2}$$
$$= \underbrace{\frac{1}{6}(x^2 + 2x + 4)}_{f_A(x)} + \underbrace{\frac{4}{3(x-2)}}_{r(x)}$$

Asymptote: $f_A: x \mapsto \frac{1}{6} \cdot (x^2 + 2x + 4)$

Die Asymptotenfunktion f_A ist eine quadratische Funktion. Ihr Graph ist eine Parabel.

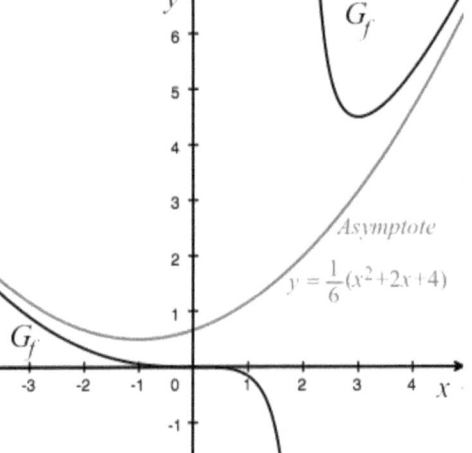

Annäherung:

- $r(x) = f(x) - f_A(x) = \dfrac{4}{3(x-2)} < 0$ für $x \to -\infty$

und

- $r(x) = f(x) - f_A(x) = \dfrac{4}{3(x-2)} > 0$ für $x \to +\infty$.

Die Funktion $f_A: x \mapsto \frac{1}{6} \cdot (x^2 + 2x + 4)$, also die Parabel mit der Gleichung $y = \frac{1}{6} \cdot (x^2 + 2x + 4)$, ist Asymptote von f für $x \to -\infty$ (Annäherung **von unten** an den Graphen von f_A) und für $x \to +\infty$ (Annäherung **von oben** an den Graphen von f_A).

Da die Gleichung

$$f(x) = f_A(x) \Leftrightarrow \underbrace{f(x) - f_A(x)}_{r(x)} = 0 \Leftrightarrow \frac{4}{3(x-2)} = 0$$

in $D = \mathbb{R}\setminus\{2\}$ nicht lösbar ist, hat der Graph von f keinen Schnittpunkt mit der gekrümmten Asymptote.

3 Gebrochenrationale Funktionen

Wir haben in den Beispielen die Gleichungen der Asymptotenfunktion mit Hilfe einer *Polynomdivision* bestimmt.

Eine exakte mathematische Definition des Begriffs „Asymptote" geht von der Eigenschaft aus, dass sich der Funktionsgraph und die Asymptote für $x \to -\infty$ oder $x \to -\infty$ immer mehr annähern.

> **Definition^E (Asymptote)**
>
> Der Graph einer Funktion f_A heißt:
>
> **Asymptote der Funktion f für** $x \to +\infty$, wenn gilt: $\lim\limits_{x \to +\infty} (f(x) - f_A(x)) = 0$,
>
> **Asymptote der Funktion f für** $x \to -\infty$, wenn gilt: $\lim\limits_{x \to -\infty} (f(x) - f_A(x)) = 0$.

> **Satz (Asymptote gebrochenrationaler Funktionen)**
>
> Ist f eine echt gebrochenrationale Funktion, so ist die x-Achse Asymptote.
>
> Ist f eine unecht gebrochenrationale Funktion, so ist die bei der Polynomdivision entstehende ganzrationale Funktion die Asymptote von f.

App zur Darstellung einfacher gebrochenrationaler Funktionen

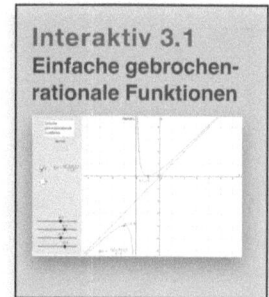

Interaktiv 3.1
Einfache gebrochenrationale Funktionen

3 Gebrochenrationale Funktionen

Zusammenfassung: *Grenzverhalten gebrochenrationaler Funktionen*

Für das Verhalten von gebrochenrationalen Funktionen für $x \to +\infty$ bzw. für $x \to -\infty$ sind 3 Fälle zu unterscheiden, die sich aus der Betrachtung des Grades n des Zählerpolynoms $p(x)$ und m des Nennerpolynoms $q(x)$ ergeben:

❶ $\boxed{n < m}$ f ist echt gebrochenrational

$$\lim_{x \to +\infty} f(x) = \lim_{x \to -\infty} f(x) = 0$$

Der Graph der Funktion f mit $f(x) = \dfrac{p(x)}{q(x)}$ nähert sich so der Geraden $y = 0$ (also der x-Achse), dass die Differenz zwischen den Funktionswerten von f und denen der Geraden zu $y = 0$ für $x \to +\infty$ und für $x \to -\infty$ den Grenzwert 0 hat.

„Die x-Achse ist eine Asymptote der Funktion f."

❷ $\boxed{n = m}$ f ist unecht gebrochenrational

$$\lim_{x \to +\infty} f(x) = \lim_{x \to -\infty} f(x) = c \text{ mit } c \in \mathbb{R}\setminus\{0\}$$

Die Konstante $c \in \mathbb{R}\setminus\{0\}$ ist der Quotient aus den Koeffizienten der höchsten Potenzen von x im Zähler und im Nenner: $c = \dfrac{a_n}{b_m}$.

Die Gerade mit der Gleichung $f_A(x) = c$ ist Asymptote von f.

Beispiel: $f(x) = \dfrac{2x^2 + 2}{3x^2 - 1}$. Die Gerade zu $y = \dfrac{2}{3}$ ist Asymptote.

❸ $\boxed{n > m}$ f ist unecht gebrochenrational

In diesem Fall lässt sich die unecht gebrochenrationale Funktion durch Ausführen der (Polynom-)Division in einen ganzen und in einen echt gebrochenen Anteil zerlegen.

Beispiel: $f(x) = \dfrac{x^3 + 2}{x^2 - 9x} = x + 9 + \dfrac{81x + 2}{x^2 - 9x}$. Die Gerade zu $y = x + 9$ ist Asymptote.

3 Gebrochenrationale Funktionen

Symmetrie bei gebrochenrationalen Funktionen

Definition (Einfache Symmetrie einer Funktion)
Der Graph G_f einer Funktion f heißt **achsensymmetrisch zur y-Achse**, wenn D_f symmetrisch zum Ursprung O ist und für alle $x \in D_f$ gilt:
$$f(-x) = f(x).$$
Der Graph G_f einer Funktion f heißt **punktsymmetrisch zum Ursprung**, wenn D_f symmetrisch zum Ursprung O ist und für alle $x \in D_f$ gilt:
$$f(-x) = -f(x).$$

Aus den Definitionen der Symmetrie von Funktionen in Bezug auf die y-Achse bzw. den Nullpunkt (Ursprung) des Koordinatensystems kann man Sätze über die Symmetrie von gebrochenrationalen Funktionen herleiten.

Sätze (Einfache Symmetrie einer gebrochenrationalen Funktion)
Es seien p mit $p(x)$ und q mit $q(x)$ Zählerpolynom bzw. Nennerpolynom einer gebrochenrationalen Funktion f mit $f(x) = \dfrac{p(x)}{q(x)}$.

1. Sind p und q **gerade**[1] Funktionen, dann ist auch f eine **gerade** Funktion.
2. Sind p und q **ungerade**[2] Funktionen, dann ist f eine **gerade** Funktion.
3. Ist von den Funktionen p und q die eine **gerade** und die andere **ungerade**, so ist f **ungerade**.
4. Ist wenigstens eine der Funktionen p und q **weder gerade noch ungerade**, dann ist auch f weder gerade noch ungerade.

---

[1] G_f einer geraden Funktion f ist achsensymmetrisch zur y-Achse.

[2] G_f einer ungeraden Funktion f ist punktsymmetrisch zum Ursprung.

Beispiele

1. $f(x) = \dfrac{x-1}{x-3}$ keine einfache Symmetrie (weder gerade noch ungerade).

2. $f(x) = \dfrac{2x^2+1}{x}$ ist punktsymmetrisch zu O (ungerade), da $D_f = \mathbb{R}^* = \mathbb{R}\setminus\{0\}$
    symmetrisch zu O ist und für alle $x \in D_f$ gilt: $f(-x) = -f(x)$.
    oder: $p(x) = 2x^2 + 1$ ist gerade und $q(x) = x$ ist ungerade.

3. $f(x) = \dfrac{1-x^2}{x^2}$ ist achsensymmetrisch zur y-Achse (gerade), da $D_f = \mathbb{R}\setminus\{0\}$
    symmetrisch zu O ist und für alle $x \in D_f$ gilt: $f(-x) = f(x)$.
    oder: $p(x) = 1 - x^2$ ist gerade und $q(x) = x^2$ ist gerade.

4.^{E} $f(x) = \dfrac{-x^5 - 5x^3 - 2x}{x^4 - 8x^2 + 16}$ ist punktsymmetrisch zu O (ungerade).
    <u>Begründung</u>: $D_f = \mathbb{R}\setminus\{-2; 2\}$ ist symmetrisch zu O;
    $p(x) = -x^5 - 5x^3 - 2x^1$ ist ungerade, da die
    Variable x nur mit ungeraden Exponenten auftritt;
    $q(x) = x^4 - 8x^2 + 16x^0$ ist gerade, da die
    Variable x nur mit geraden Exponenten auftritt;
    also ist $f(x) = \dfrac{p(x)}{q(x)}$ ungerade wegen Satz 3. S.143.

Satz (Symmetrie bei einfachen gebrochenrationalen Funktionen)
Einfache gebrochenrationale Funktionen mit Gleichungen der Form
$f(x) = \dfrac{ax^2 + bx + c}{x + d}$ (I) oder $f(x) = \dfrac{ax^2 + bx + c}{(x+d)^2}$ (II) können eine einfache
Symmetrie nur für $d = 0$ zeigen.

Beweis^E :
Für $d \neq 0$ ist der Definitionsbereich $D_f = \mathbb{R}\setminus\{-d\}$ nicht symmetrisch zu O.
Nur für $d = 0$ ist $D_f = \mathbb{R}^* = \mathbb{R}\setminus\{0\}$ symmetrisch zu O.

3 Gebrochenrationale Funktionen

Aufgaben

11. Bestimmen Sie eine Gleichung der Asymptote zu der gebrochenrationalen Funktion f und untersuchen Sie [E], ob es Schnittpunkte des Funktionsgraphen mit der Asymptote gibt. Geben Sie die Schnittpunkte gegebenenfalls an [E].

a) $f(x) = x + 1 + \dfrac{2x}{x^2 - 2}$

b)[E] $f(x) = x^2 - 3 + \dfrac{x^2 - 3x}{x^3 - 2}$

c) $f(x) = \dfrac{1 - x}{x - 2}$

d)[E] $f(x) = \dfrac{x^2 - 2}{x^3 + x^2}$

e) $f(x) = \dfrac{x^2 - 2x}{x^2 + 3}$

f)[E] $f(x) = \dfrac{2x^4 - x^3}{x^2 - 1}$

12. Ordnen Sie den Funktionsgleichungen den richtigen Graphen zu. Begründen Sie Ihre Entscheidung mit möglichst vielen Argumenten.

a) $f(x) = \dfrac{x - 2}{2x + 2}$

b) $f(x) = \dfrac{x^2 - 2}{x + 1}$

c) $f(x) = \dfrac{x^2 - 2}{(x - 1)^2}$

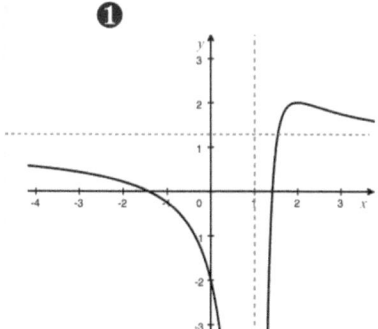
❶

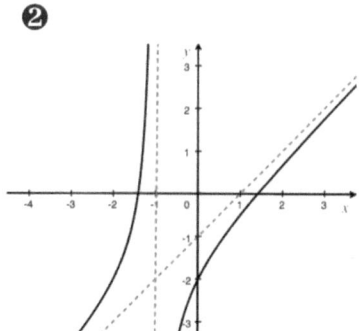
❷

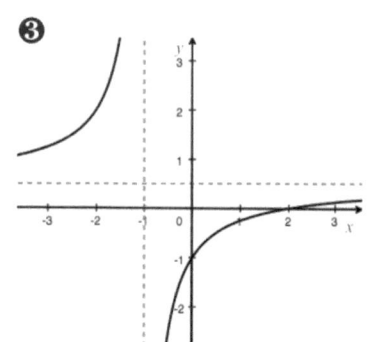
❸

13. Bestimmen Sie eine Gleichung der Asymptote f_A der gebrochenrationalen Funktion f. Untersuchen Sie zusätzlich, ob sich für $x \to +\infty$ der Graph der Funktion f der Asymptote von oben oder von unten nähert.

a) $f(x) = \dfrac{7x - 3}{7x + 4}$
b) $f(x) = \dfrac{x^2 + 2}{x - 2}$
c) $f(x) = \dfrac{99}{4 - x}$

d)^E $f(x) = \dfrac{x^3}{x - 1}$
e) $f(x) = \dfrac{3x^2 - 2}{2x}$
f)^E $f(x) = \dfrac{1 - 2x - 3x^2}{2 + 3x + 4x^2}$

14. Untersuchen Sie die folgenden gebrochenrationalen Funktionen auf (einfache) Symmetrie. Bestimmen Sie zuerst die jeweiligen Definitionsmengen D_f. Die Sätze 1. bis 4. von Seite 143 können bei der Ermittlung der Symmetrieeigenschaft sehr hilfreich sein; sie genügen in der Regel als Nachweis. Für eine genaue Verifizierung verwenden Sie bitte die Definition auf Seite 143.

a) $f(x) = \dfrac{x^2 - 1}{x}$
b) $f(x) = \dfrac{\frac{3}{2}x^2 + 1}{x^2}$
c) $f(x) = \dfrac{2x^2 - x + 1}{(x - 1)^2}$

d)^E $f(x) = \dfrac{x^4 - 6x^2 + 4}{(4x)^2}$
e)^E $f(x) = \dfrac{\frac{1}{4}x^3 - 4x}{4 - x^2}$

3.3 Diskussion gebrochenrationaler Funktionen

Die Diskussion einer gebrochenrationalen Funktion kann - ähnlich wie zuvor in der Analysis bei ganzrationalen Funktionen - nach folgendem Schema erfolgen:

> **Kurvendiskussion** $\quad f : D_{max} \to \mathbb{R}, x \mapsto f(x)$
> 1. Größtmögliche Definitionsmenge D_{max}
> 2. Ableitungen f' und f'' (evtl. f''')
> 3. (Einfache) Symmetrien
> 4. Nullstellen
>   a) von f b) von f' c) von f''
> 5. Extrema
> 6. Variationstafel
> 7. Monotonieintervalle
> 8. Grenzwerte von f und f' (an den Randstellen von D_{max})
> 9. Wendepunkte
> 10. Krümmung
> 11. Pole
> 12. Asymptoten
>   (Verlauf der Kurve zur Asymptote)
> 13. Graph.

Wohl in den seltensten Fälle wird man eine solche komplette Diskussion mit allen Punkten durchzuführen haben. Sehr hilfreich kann eine sogenannte *Variationstafel* sein, in die man die Ergebnisse der Untersuchungen in einer Übersicht eintragen kann, so dass der gesuchte Funktionsgraph daraus sofort in ein Koordinatensystem übertragen und erstellt werden kann.

3.3.1 Musterbeispiel für eine Diskussion einer einfachen gebrochenrationalen Funktion

Beispiel Diskutieren Sie die Funktion

$$f: D_{max} \to \mathbb{R}, x \mapsto \frac{(x+1)^2}{x+2}$$

1. D_{max} = Größtmögliche Definitionsmenge
   $x + 2 \neq 0 \Leftrightarrow x \neq -2 \qquad D_{max} = \mathbb{R}\setminus\{-2\}$

2. Ableitungen f' und f''

$$f(x) = \frac{(x+1)^2}{x+2}$$

$$f'(x) = \frac{2(x+1) \cdot (x+2) - 1 \cdot (x+1)^2}{(x+2)^2}$$

$$= \frac{(x+1) \cdot (2x+4-x-1)}{(x+2)^2} \qquad \Rightarrow \quad f'(x) = \frac{(x+1) \cdot (x+3)}{(x+2)^2}$$

$$= \frac{(x+1) \cdot (x+3)}{(x+2)^2} = \frac{x^2+4x+3}{(x+2)^2}$$

$$f''(x) = \frac{(2x+4) \cdot (x+2)^2 - 2(x+2) \cdot (x^2+4x+3)}{(x+2)^4}$$

$$= \frac{2(x+2) \cdot (x^2+4x+4-x^2-4x-3)}{(x+2)^{4\,3}} \qquad \Rightarrow \quad f''(x) = \frac{2}{(x+2)^3}$$

$$= \frac{2 \cdot 1}{(x+2)^3}$$

3. (Einfache) Symmetrien

   Es liegt *keine* einfache Symmetrie vor, da $D_{max} = \mathbb{R}\setminus\{-2\}$ nicht symmetrisch zum Ursprung O ist.

3 Gebrochenrationale Funktionen

Beispiel Fortsetzung
$$f: D_{max} \to \mathbb{R}, x \mapsto \frac{(x+1)^2}{x+2}$$

4. <u>Nullstellen</u>
   a) von f : $f(x) = 0 \Leftrightarrow (x+1)^2 = 0 \Leftrightarrow x = -1 \quad \Rightarrow \quad N(-1|0)$
   b) von f' : $f'(x) = 0 \Leftrightarrow (x+1) \cdot (x+3) = 0$
   $$\Leftrightarrow x = -1 \lor x = -3$$
   c) von f'': $f''(x) = 0 \Leftrightarrow 2 = 0$ nicht möglich
   d.h. $f''(x) \neq 0$ für alle $x \in D_{max}$,
   es existiert somit *kein* Wendepunkt.

5. <u>Extrema</u>

   a) Im Innern von D_{max}:
   $$\left.\begin{array}{l} f'(-1) = 0 \\ f''(-1) = 2 > 0 \end{array}\right\} \Rightarrow \quad T(-1|0) = N \quad \text{ist Tiefpunkt}$$

   $$\left.\begin{array}{l} f'(-3) = 0 \\ f''(-3) = -2 < 0 \end{array}\right\} \Rightarrow \quad H(-3|-4) \quad \text{ist Hochpunkt}$$

   b) An den Randstellen von D_{max}:
   keine, denn diese Menge ist leer.

Beispiel Fortsetzung

$$f: D_{max} \to \mathbb{R}, x \mapsto \frac{(x+1)^2}{x+2}$$

6. Variationstafel

x	$-\infty$			-3			-2			-1		$+\infty$
$f'(x)$	1	+		0	−	$-\infty$		$-\infty$	−	0	+	1
$f''(x)$			⌢ −						⌣ +			
$f(x)$	$-\infty$	↗		-4	↘	$-\infty$		$+\infty$	↘	0	↗	$+\infty$
K			H				Pol mit VZW			$N = T$		

K = Kommentarzeile

7. Monotonieintervalle

   Aus der Variationstafel entnimmt man:

   f steigt streng monoton in : $]-\infty; -3]$; $[-1; +\infty[$
   f fällt streng monoton in : $[-3; -2[$; $]-2; -1]$

8. Grenzwerte von f und f' : vgl. Variationstafel
9. Wendepunkte
   Es existieren keine Wendepunkte; vgl. 4.c) Seite 147.

3 Gebrochenrationale Funktionen

Beispiel Fortsetzung

$$f: D_{max} \to \mathbb{R}, x \mapsto \frac{(x+1)^2}{x+2}$$

10. **Krümmung**

    Aus der Variationstafel entnimmt man:

    f besitzt Linkskrümmung in : $]-2; +\infty[$

    f besitzt Rechtskrümmung in : $]-\infty; -2[$

11. **Pol(e)**

    $x_P = -2$

12. **Asymptote(n)**

    Durch Polynomdivision erhält man:

    $$f(x) = \frac{(x+1)^2}{x+2} = (x^2 + 2x + 1) : (x+2) = \underbrace{x}_{f_A(x)} + \underbrace{\frac{1}{x+2}}_{r(x)}$$

    Die **Gleichung der Asymptote** lautet: $f_A(x) = x$ (= 1.Winkelhalbierende).

    Verlauf des Graphen zur Asymptote

    $$r(x) = f(x) - f_A(x) = \frac{1}{x+2} \begin{cases} > 0 \text{ für } x \gg -2 \\ < 0 \text{ für } x \ll -2 \end{cases}$$

    $\Rightarrow$ Annäherung **von oben** an den Graphen von f_A für $x \to +\infty$

    $\Rightarrow$ Annäherung **von unten** an den Graphen von f_A für $x \to -\infty$.

Beispiel Fortsetzung

$$f: D_{max} \to \mathbb{R}, x \mapsto \frac{(x+1)^2}{x+2}$$

13. <u>Graph</u>

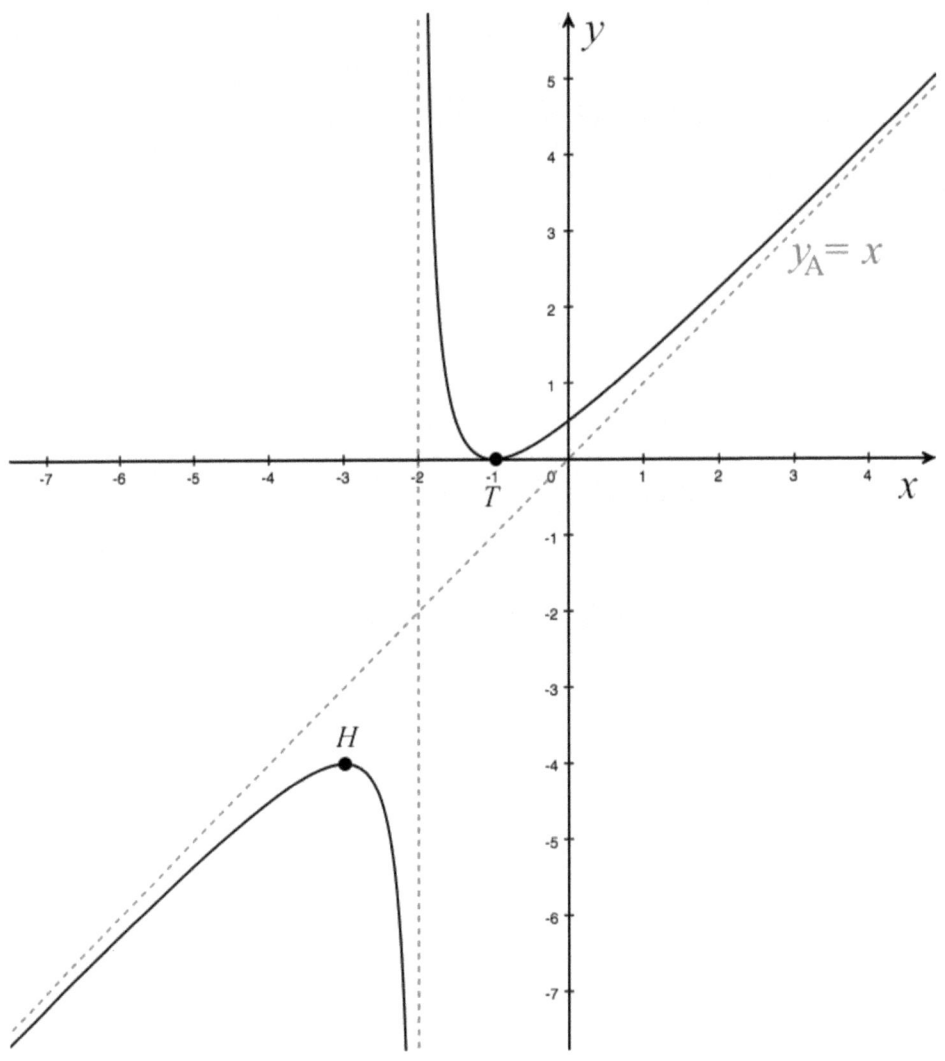

3.3.2 Musterbeispiel für eine Diskussion einer gebrochenrationalen Funktion ^{E}

Beispiel Diskutieren Sie die Funktion
$$f:D_{max} \to \mathbb{R}, x \mapsto \frac{x^3}{x^2-1}$$

1. D_{max} = <u>Größtmögliche Definitionsmenge</u>
$x^2 - 1 = (x-1) \cdot (x+1) \neq 0 \Leftrightarrow x \neq -1 \wedge x \neq 1 \qquad D_{max} = \mathbb{R}\backslash\{-1; 1\}$

2. <u>Ableitungen</u> f' und f''

$$f(x) = \frac{x^3}{x^2-1}$$

$$f'(x) = \frac{3x^2(x^2-1) - 2x \cdot x^3}{(x^2-1)^2}$$

$$= \frac{x^2 \cdot (x^2-3)}{(x^2-1)^2} \qquad \Rightarrow \quad f'(x) = \frac{x^2(x^2-3)}{(x^2-1)^2}$$

$$f''(x) = \frac{(4x^3-6x) \cdot (x^2-1)^2 - 2(x^2-1) \cdot 2x \cdot x^2(x^2-3)}{(x^2-1)^4}$$

$$= \frac{2x(3+x^2)}{(x^2-1)^3} \qquad \Rightarrow f''(x) = \frac{2x(x^2+3)}{(x^2-1)^3}$$

3. <u>(Einfache) Symmetrien</u>

Es liegt **Symmetrie zum Ursprung O** vor, da $D_{max} = \mathbb{R}\backslash\{-1; 1\}$ symmetrisch zu O ist und für alle $x \in D_{max}$ gilt:

$$f(-x) = \frac{(-x)^3}{(-x)^2-1} = -\frac{x^3}{x^2-1} = -f(x).$$

Beispiel Fortsetzung
$$f: D_{max} \to \mathbb{R}, x \mapsto \frac{x^3}{x^2-1}$$

4. Nullstellen
   a) von f : $f(x) = 0 \Leftrightarrow x^3 = 0 \Leftrightarrow x = 0$ (3-fach) $\Rightarrow$ $N(0|0)=O$
   b) von f' : $f'(x) = 0 \Leftrightarrow x^2 \cdot (x^2 - 3) = x^2 \cdot (x - \sqrt{3}) \cdot (x + \sqrt{3}) = 0$
   $\Leftrightarrow x = 0 \lor x = \sqrt{3} \lor x = -\sqrt{3}$
   c) von f'' : $f''(x) = 0 \Leftrightarrow 2x\underbrace{(x^2 + 3)}_{\neq 0} = 0 \Leftrightarrow x = 0$

5. Extrema
   a) Im Innern von D_{max}:

   $\left.\begin{array}{l} f'(0) = 0 \\ f''(0) = 0 \end{array}\right\}$ f ist in einer genügend kleinen Umgebung von O
   streng monoton fallend $\Rightarrow$ $S(0|0)$ ist **Sattelpunkt**
   S = **horizontaler Wendepunkt**

   $\left.\begin{array}{l} f'(\sqrt{3}) = 0 \\ f''(\sqrt{3}) > 0 \end{array}\right\} \Rightarrow T(\sqrt{3}|\frac{3}{2}\sqrt{3})$ ist **Tiefpunkt**

   $\left.\begin{array}{l} f'(-\sqrt{3}) = 0 \\ f''(-\sqrt{3}) < 0 \end{array}\right\} \Rightarrow H(-\sqrt{3}|-\frac{3}{2}\sqrt{3})$ ist **Hochpunkt**

   b) An den Randstellen von D_{max}:
   keine, denn diese Menge ist leer.

3 Gebrochenrationale Funktionen

Beispiel Fortsetzung

$$f: D_{max} \to \mathbb{R}, x \mapsto \frac{x^3}{x^2 - 1}$$

6. Variationstafel

x	$-\infty$		$-\sqrt{3}$		-1	0		1	$\sqrt{3}$		∞
$f'(x)$	1	$+$	0	$- \quad -\infty$		$-\infty \quad - \quad 0 \quad - \quad -\infty$			$-\infty \quad -$	0	$+ \quad 1$
$f''(x)$			⌣➚			⌣ $\quad 0 \quad$ ⌢➚				⌣➚	
$f(x)$	$-\infty$ ➚		$-2{,}6$ ➘	$-\infty$		$\infty \quad$ ➘ $\quad 0 \quad$ ➘ $\quad -\infty$			$\infty \quad$ ➘	$2{,}6$	➚ $\quad \infty$
	K		H		Pol mit VZW	$S=W$		Pol mit VZW		T	

K = Kommentarzeile   H = Hochpunkt   T = Tiefpunkt   W = Wendepunkt   S = Sattelpunkt

7. Monotonieintervalle

   Aus der Variationstafel entnimmt man:

   f steigt streng monoton in : $\quad \left]-\infty; -\sqrt{3}\right] \; ; \; \left[\sqrt{3}; +\infty\right[$

   f fällt streng monoton in : $\quad \left[-\sqrt{3}; -1\right[\; ; \; \left]-1; 0\right] \; ; \; \left[0; 1\right[\; ; \; \left]1; \sqrt{3}\right]$

8. Grenzwerte von f und f' : vgl. Variationstafel

9. Wendepunkte

   Da $f''(0) = 0$ und f'' bei 0 einen Vorzeichenwechsel (VZW) hat, folgt $W(0|0)$ ist **Wendepunkt**, hier sogar *Sattelpunkt*, da auch $f'(0) = 0$ ist.

Beispiel Fortsetzung

$$f: D_{max} \to \mathbb{R}, x \mapsto \frac{x^3}{x^2-1}$$

10. Krümmung

    Aus der Variationstafel entnimmt man:

    f besitzt Linkskrümmung in : $\quad]-1;0]\ ;\ ]1;\infty[$

    f besitzt Rechtskrümmung in : $\quad]-\infty;-1[\ ;\ [0;1[$

11. Pole

    $x_{P_1} = -1\ ;\quad x_{P_2} = +1$

12. Asymptote(n)

    Durch Polynomdivision erhält man:

    $$f(x) = \frac{x^3}{x^2-1} = x^3 : (x^2-1) = \underbrace{x}_{f_A(x)} + \underbrace{\frac{x}{x^2-1}}_{r(x)}$$

    Die **Gleichung der Asymptote** lautet: $f_A(x) = x$ (= 1.Winkelhalbierende).

    Verlauf des Graphen zur Asymptote

    $r(x) = f(x) - f_A(x) = \dfrac{x}{x^2-1} \quad \begin{cases} > 0 & \text{für } x \gg 0 \\ < 0 & \text{für } x \ll 0 \end{cases}$

    $\Rightarrow$ Annäherung **von oben** an den Graphen von f_A für $x \to +\infty$

    $\Rightarrow$ Annäherung **von unten** an den Graphen von f_A für $x \to -\infty$.

3 Gebrochenrationale Funktionen

Beispiel Fortsetzung

$$f: D_{max} \to \mathbb{R}, x \mapsto \frac{x^3}{x^2 - 1}$$

13. <u>Graph</u>

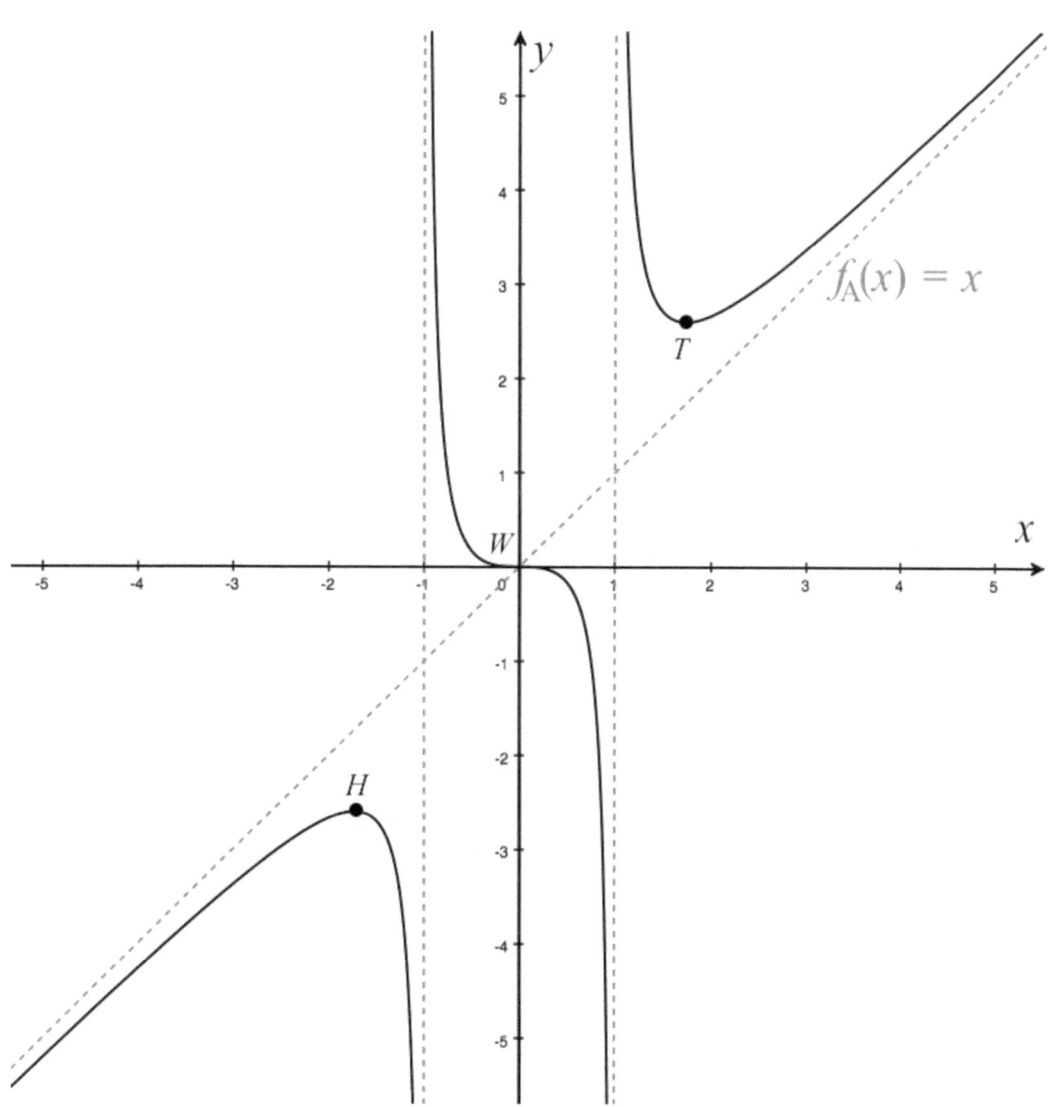

3.4 Abituraufgabenteile

1. (Saarland Gymnasium 2016, HT, G-Kurs)

Gegeben ist die Funktion $f: D_{max} \to \mathbb{R}$ mit $f(x) = \dfrac{x^2 - 1}{x + 2}$.

1.1 Geben Sie die maximale Definitionsmenge D_{max} an. Untersuchen Sie das Grenzwertverhalten von f an der Definitionslücke und geben Sie die Art der Definitionslücke an.

1.2 Berechnen Sie die Schnittpunkte des Graphen von f mit den Koordinatenachsen.

1.3 Weisen Sie rechnerisch nach, dass sich der Funktionsterm von f in folgender Form schreiben lässt:
$$f(x) = x - 2 + \dfrac{3}{x + 2}.$$

1.4 Geben Sie die Gleichung der Asymptote an und untersuchen Sie das Annäherungsverhalten des Graphen von f an die Asymptote.

1.5 Bestimmen Sie die Gleichung der ersten Ableitung von f.

Zur Kontrolle und weiteren Verwendung:
$$f'(x) = \dfrac{x^2 + 4x + 1}{(x + 2)^2}$$

Zur weiteren Verwendung (ohne Nachweis!):
$$f''(x) = \dfrac{6}{(x + 2)^3}$$

1.6 Untersuchen Sie rechnerisch den Graphen von f auf Extrempunkte (einschließlich ihrer Art).

1.7 Begründen Sie: Der Graph von f ist im Intervall $]-\infty; -2[$ rechtsgekrümmt und im Intervall $]-2; \infty[$ linksgekrümmt.

1.8 Skizzieren Sie unter Berücksichtigung der bisherigen Ergebnisse den Graphen von f in das in Anlage 1 auf der letzten Seite 184 gegebene Koordinatensystem.

1.9 Der Graph von f schließt mit der x-Achse eine Fläche ein. Bestimmen Sie das Maß dieser Fläche unter Angabe einer Stammfunktion. Nutzen Sie zur Ermittlung einer Stammfunktion die Zerlegung des Funktionsterms gemäß 1.3.

3 Gebrochenrationale Funktionen

2.^E (Bayern Gymnasium 2015, Analysis, Prüfungsteil B, Aufgabengruppe 1)

1 Gegeben ist die Funktion f mit $f(x) = \dfrac{1}{x+1} - \dfrac{1}{x+3}$ und Definitionsbereich $D_f = \mathbb{R} \setminus \{-3; -1\}$. Der Graph von f wird mit G_f bezeichnet.

a) Zeigen Sie, dass $f(x)$ zu jedem der drei folgenden Terme äquivalent ist:
$$\dfrac{2}{(x+1)(x+3)}; \quad \dfrac{2}{x^2 + 4x + 3}; \quad \dfrac{1}{0{,}5 \cdot (x+2)^2 - 0{,}5}$$

b) Begründen Sie, dass die x-Achse horizontale Asymptote von G_f ist, und geben Sie die Gleichungen der vertikalen Asymptoten von G_f an. Bestimmen Sie die Koordinaten des Schnittpunkts von G_f mit der y-Achse.

Abbildung 1 zeigt den Graphen der in $\mathbb{R}$ definierten Funktion $p: x \mapsto 0{,}5 \cdot (x+2)^2 - 0{,}5$, die die Nullstellen $x = -3$ und $x = -1$ hat. Für $x \in D_f$ gilt $f(x) = \dfrac{1}{p(x)}$.

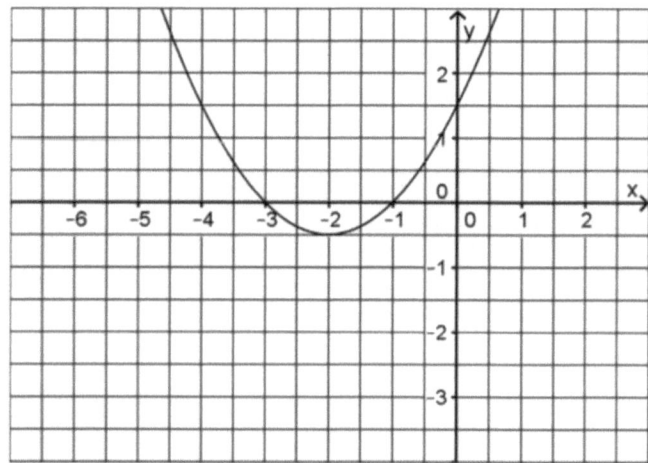

Abb. 1

c) Gemäß der Quotientenregel gilt für die Ableitungen f' und p' die Beziehung $f'(x) = -\dfrac{p'(x)}{(p(x))^2}$ für $x \in D_f$.

Zeigen Sie unter Verwendung dieser Beziehung und ohne Berechnung von f'(x) und p'(x), dass $x = -2$ einzige Nullstelle von f' ist und dass G_f in $]-3;-2[$ streng monoton steigend sowie in $]-2;-1[$ streng monoton fallend ist. Geben Sie Lage und Art des Extrempunkts von G_f an.

d) Berechnen Sie $f(-5)$ und $f(-1{,}5)$ und skizzieren Sie G_f unter Berücksichtigung der bisherigen Ergebnisse in Abbildung 1.

3 Gebrochenrationale Funktionen

3. (Saarland Gymnasium 2002, Analysis, Grundkurs - Aufgabe 1)

Gegeben ist die Funktionenschar

$$f_a: D_{\max} \to \mathbb{R}; x \mapsto \frac{2x}{x^2 + a}, \quad a \in \mathbb{R}\setminus\{0\}.$$

a) Bestimmen Sie $a \in \mathbb{R}$ so, dass die Graphen von f_a und f_{-a} einander senkrecht schneiden.

b) Diskutieren Sie die Funktion $f_2: D_{\max} \to \mathbb{R}; x \mapsto \frac{2x}{x^2 + 2}$.

Zur Kontrolle: $f_2''(x) = \dfrac{4x^3 - 24x}{(x^2 + 2)^3}$

c) Berechnen Sie den Inhalt der Fläche, die über dem Intervall $[2; +\infty[$ zwischen den Graphen von f_2 und f_{-2} liegt.

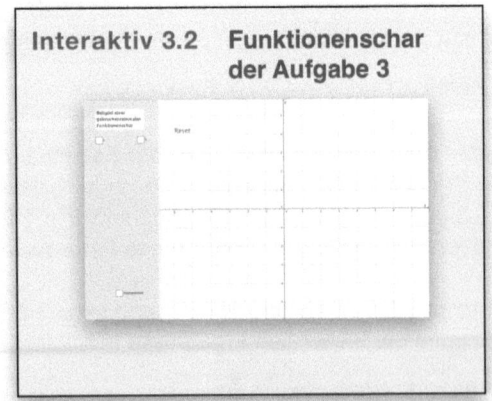

Interaktiv 3.2 Funktionenschar der Aufgabe 3

4 Vollständige Induktion ^E

> „Was beweisbar ist, soll in der Wissenschaft nicht ohne Beweis geglaubt werden."
>
> – R. Dedekind, 1888

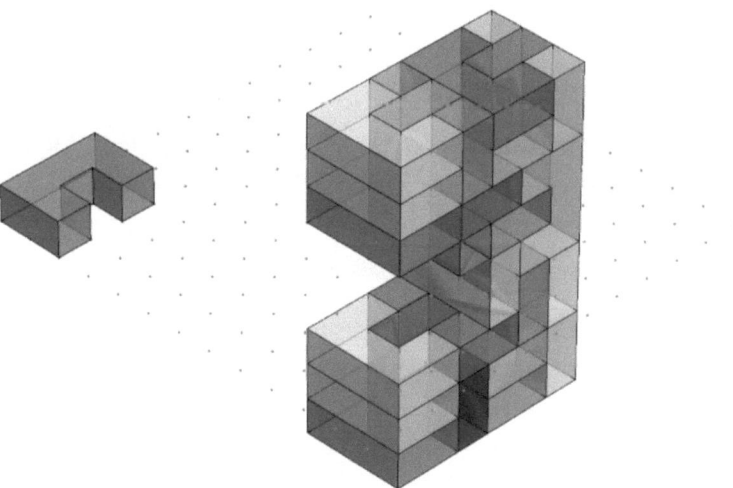

4 Vollständige Induktion

4.1 Aussage und Aussageform

4.1.1 Grundbegriffe

Aussage
Unter einer **Aussage** verstehen wir einen Satz, dem eindeutig entweder der Wahrheitswert w (wahr) oder der Wahrheitswert f (falsch) zukommt.

Im Allgemeinen beschäftigen wir uns nur mit solchen Aussagen, von denen grundsätzlich entschieden werden kann, ob sie wahr oder falsch sind. Man beachte, dass Frage- und Befehlssätze keine Aussagen sind.

In der Mathematik sind besonders wichtig diejenigen Aussagen, die die Form einer **Gleichung** (G) oder einer **Ungleichung** (U) haben.

Beispiele   a) $7 \cdot 8 = 56$ (w)   b) $5 + 8 > 5 \cdot 8$ (f)

Von grundlegender Bedeutung ist ferner der Begriff der „Aussageform".

Aussageform
Eine **Aussageform** $A(x)$; $A(n)$; $A(x; y)$; ... unterscheidet sich von einer Aussage dadurch, dass in ihr eine freie Variable vorkommt (oder mehrere freie Variablen vorkommen). Eine Aussageform geht in eine Aussage über, wenn man in jede Variable Namen für geeignete Objekte einsetzt (oder „die Variablen mit Namen belegt").

Spezielle Aussageformen sind
a) **Gleichungen** ($G{:}T_1 = T_2$) und b) **Ungleichungen** ($U{:}T_1 > T_2$ oder $T_1 < T_2$), in denen freie Variable vorkommen.

Beispiele   a) $G(x)$: $x^2 + 3 = 4x$ b) $U(x; y)$: $2x - 5y > 7$

Das Zeichen "T" steht für einen **Term** (Term-Definition in Klasse 5). Die Elemente einer **Grundmenge** M, die eine Aussageform in eine richtige Aussage überführen, bilden die Lösungsmenge L der Aussageform: $L \subseteq M$.

Beispiel Die Gleichung $G(x)$: $x^2 + 3 = 4x$ hat in der Grundmenge $\mathbb{R}$ die Lösungsmenge $L = \{1; 3\} \subset \mathbb{R}$.

4.1.2 Aussageformen über ℕ*

Wir betrachten im Folgenden Aussageformen über der Grundmenge ℕ* bzw. ℕ der natürlichen Zahlen 1, 2, 3, ... bzw. 0, 1, 2, 3, ... Wir wollen dabei ein Beweisverfahren kennenlernen, mit dessen Hilfe man die Allgemeingültigkeit solcher Aussageformen beweisen kann.

Ein bekanntes **Beispiel** einer Aussageform über der Grundmenge ℕ* wird oft im Zusammenhang mit dem berühmten deutschen Gelehrten GAUß genannt.

> **Johann Carl Friedrich GAUß** (* 30. April 1777 in Braunschweig; † 23. Februar 1855 in Göttingen) war ein deutscher Mathematiker, Astronom, Geodät und Physiker mit einem breit gefächerten Feld an Interessen. Er wird als einer der wichtigsten Mathematiker betrachtet und als Fürst der Mathematik oder „princeps mathematicorum" bezeichnet.

C.F. GAUß

Von dem kleinen Gauß ist die Anekdote überliefert, dass er seinen Dorfschullehrer überraschte, der die Gruppe der Kleinen für eine geraume Zeit beschäftigen wollte, indem er sie die Summe der Zahlen von eins bis hundert ausrechnen ließ. Nach wenigen Augenblicken hatte Carl Friedrich die richtige Lösung parat. Ihm muss wohl aufgefallen sein, dass man die Zahlen sinnvoll „paaren" kann: Die erste mit der letzten, die zweite mit der vorletzten ... usw. - immer ergibt sich dieselbe Summe $1 + 100 = 2 + 99 = \ldots 50 + 51 = 101$.

Die Idee von Gauß lässt sich auch dadurch verdeutlichen, wenn man sich die Zahlen zweimal, aber in umgekehrter Reihenfolge untereinander schreibt und addiert:

$$
\begin{array}{rrrrrrr}
  1 & + 2 & + 3 & + & \ldots & + 99 & + 100 \\
+ 100 & + 99 & + 98 & + & \ldots & + 2 & + 1 \\
\hline
101 & +101 & +101 & + & \ldots & + 101 & + 101
\end{array}
$$

Es tritt 100mal der Summand 101 auf. Dabei ist zu beachten, dass die Zahlen zweimal aufgeschrieben wurden. Die gesuchte Summe beträgt daher:

$$\frac{1}{2} \cdot 100 \cdot 101 = 5050.$$

Führt man diese Vorgehensweise auch für andere Zahlen durch, so drängt sich als Verallgemeinerung die Vermutung auf, dass für alle natürlichen Zahlen $n \in \mathbb{N}^*$ gilt: $\quad A(n): 1 + 2 + 3 + \ldots + n = \frac{1}{2} \cdot n \cdot (n+1)$.

Die Vermutung, dass diese Aussageform $A(n)$ wirklich *allgemeingültig* ist, d.h. ausnahmslos für alle natürlichen Zahlen $n \in \mathbb{N}^*$ gilt, muss aber noch bewiesen werden.

Den Übergang von speziellen Aussagen zu einer allgemeinen Aussage nennt man **Induktion**[1]. Dabei kann eine Induktion sowohl zu richtigen, als auch zu falschen Schlussfolgerungen führen.

Um die Unzulässigkeit einer solchen Schlussfolgerung zu zeigen, betrachten wir als Beispiel den Term $n^2 - n + 41$.

> **Beispiel** (nach Leonhard EULER)
>
> $$P(n) = n^2 - n + 41 \quad \text{für} \quad n \in \mathbb{N}^*$$
>
> Setzt man in das Polynom $P(n) = n^2 - n + 41$ nacheinander die Zahlen 1,2,3,4,5,6,7,8,9,10 ein, so ergeben sich die Zahlen 41,43,47,53,61,71,83,97,113,131. Diese Zahlen sind ausnahmslos *Primzahlen*. Man könnte also vermuten, dass man stets eine Primzahl erhält, wenn man in $P(n)$ eine natürliche Zahl einsetzt. Dies ist jedoch nur bis einschließlich $P(40)$ der Fall, denn es ist: $P(41) = 41^2 - 41 + 41 = 41^2$, 41^2 ist aber keine Primzahl!
>
>
>
> L. EULER
> (1707-1783)

Dieses und viele andere hier nicht aufgeführte Beispiele zeigen, dass es Aussageformen $A(n)$ gibt, die für sehr viele natürliche Zahlen in richtige Aussagen übergehen, die aber trotzdem in der Menge $\mathbb{N}^*$ nicht allgemeingültig sind. Es gibt z.B. eine Formel über die Verteilung der Primzahlen in der Menge $\mathbb{N}^*$, die bis zu etwa $n = 10\ 000\ 000$ richtig ist, die aber dennoch nicht allgemeingültig in $\mathbb{N}^*$ ist.

---

[1] inducere (lat.), hineinführen

4 Vollständige Induktion

Aufgaben

1. Gegeben sind die Aussageformen $A(n)$ für $n \in \mathbb{N}$. Füllen Sie die Wertetabellen aus und stellen Sie Vermutungen auf.

   a) $A(n)$: $n^2 + n + 11$ ist Primzahl.

n	0	1	2	3	4	5	6
$n^2 + n + 11$							

   b) $A(n)$: 3 teilt $n^3 + 5n$

n	0	1	2	3	4	5	6
$n^3 + 5n$							

2. Die Tabelle in Aufgabe 1 a) verleitet zu einer falschen Vermutung. Weisen Sie nach: Es gibt $n \in \mathbb{N}$, so dass $n^2 + n + 11$ keine Primzahl ist. Welche Folgerung lässt sich aus der Tabelle in Aufgabe 1 b) über die Allgemeingültigkeit der zugehörigen Aussageform $A(n)$ ziehen?

4.2 Das Beweisverfahren

Es fragt sich nun, wie die Induktion in der Mathematik zu handhaben ist, damit man eine *richtige* Folgerung erhält. Die Antwort auf diese Frage liefert das Beweisverfahren der **vollständigen Induktion**.

Dieses Beweisverfahren der vollständigen Induktion wird verwendet, um die Allgemeingültigkeit von Aussageformen über der Grundmenge $\mathbb{N}^*$ bzw. $\mathbb{N}$ der natürlichen Zahlen zu beweisen.

Die vollständige Induktion wird durch eine axiomatisch geforderte Eigenschaft der natürlichen Zahlen begründet. Der italienische Mathematiker GIUSEPPE PEANO (1858 - 1932) hat als Erster ein Axiomensystem zur Kennzeichnung der natürlichen Zahlen aufgestellt.

In diesem System von Peano wird als fünftes (letztes) Axiom - also als nicht bewiesener Grundsatz - gefordert:

> **Satz** (Fünftes Peanosches Axiom)
> Sei M eine Menge natürlicher Zahlen ($M \subset \mathbb{N}$) mit den Eigenschaften:
> (1) $0 \in M$.
> (2) Wenn $n \in M$ gilt, dann gilt auch $n + 1 \in M$.
> Dann umfasst M alle natürlichen Zahlen, also $M = \mathbb{N}$.
> Kurz: Enthält eine Teilmenge M von $\mathbb{N}$ die Zahl 0 und mit jeder natürlichen Zahl auch deren Nachfolger, so ist $M = \mathbb{N}$.

GIUSEPPE PEANO (* 27. August 1858 in Spinetta, Piemont; † 20. April 1932 in Turin) war ein italienischer Mathematiker.

Er arbeitete in Turin und befasste sich mit mathematischer Logik, mit der Axiomatik der natürlichen Zahlen (Entwicklung der Peano-Axiome) und mit Differenzialgleichungen erster Ordnung.

Giuseppe PEANO

4 Vollständige Induktion

Aus diesem Axiom von Peano folgt unmittelbar der

> **Satz (Prinzip der vollständigen Induktion)**
> Sei $A(n)$ eine Aussageform über der Grundmenge $\mathbb{N}$ mit der Lösungsmenge L und den Eigenschaften:
> (1) $A(0)$ ist wahr, d.h. es gilt $0 \in L$.
> (2) Wenn für ein beliebiges $n \in \mathbb{N}$ die Aussage $A(n)$ wahr ist, dann ist auch die Aussage $A(n+1)$ wahr, d.h. es gilt:
> $$n \in L \Rightarrow (n+1) \in L.$$
> Dann ist die Aussageform $A(n)$ für alle $n \in \mathbb{N}$ erfüllt, d.h. $L = \mathbb{N}$.

Ist $A(n)$ eine Aussageform über der Grundmenge $\mathbb{N}^*$, so lautet der Satz:
Wenn (1) $A(1)$ wahr ist und
(2) der Schluss von $A(n)$ auf $A(n+1)$ möglich ist,
dann ist $A(n)$ wahr für alle $n \in \mathbb{N}^*$.

Das *Beweisverfahren der vollständigen Induktion* besteht aus 2 Schritten:

1. Schritt
Die Grundlage des Beweisverfahrens bildet die Gültigkeit von $A(0)$, denn ohne diese **Induktionsverankerung** (diesen **Induktionsanfang**) könnte man nicht von $A(0)$ auf $A(1)$ und somit auch nicht von $A(1)$ auf $A(2)$ schließen usw.
Daher hat man zunächst zu zeigen, dass $A(0)$ (evtl. $A(1)$) eine wahre Aussage ist.

2. Schritt
Der zweite Schritt besteht dann im Schluss von n auf $n+1$, auch **Induktionsschluss** genannt. Man zeigt:
$$\underbrace{A(n) \text{ ist wahr}}_{\text{Induktionsvoraussetzung}} \Rightarrow \underbrace{A(n+1) \text{ ist wahr}}_{\text{Induktionsbehauptung}}.$$

Im **Induktionsbeweis** wird die Induktionsbehauptung bewiesen.

Das Beweisprinzip der vollständigen Induktion lässt sich mit einer langen Reihe von durchnummerierten Dominosteinen veranschaulichen.
Diese Dominosteine sollen so in Reih' und Glied aufgestellt sein, dass man für jeden Stein Folgendes garantieren kann:

- Fällt der Stein mit der Nr. n, dann fällt auch sein Nachfolger mit der Nr. $n+1$, der hinter ihm steht (Induktionsschluss).
- Stößt man den ersten Stein mit der Nr. 0 oder der Nr. 1 (Induktionsverankerung) um, so weiß man, dass dann alle Steine fallen. Gelingt dies aber nicht, so werden alle stehen bleiben.

Eigentlich müssten es so viele Dominosteine sein, wie es natürliche Zahlen

gibt, also abzählbar unendlich viele. Das lässt sich natürlich nicht in die Realität umsetzen. Deshalb haben wir also eine „lange Reihe" gewählt.
Die Induktionsverankerung muss nicht unbedingt im Nachweis der Gültigkeit von $A(0)$ bestehen. In manchen Fällen kann man etwa die Gültigkeit von $A(1)$, evtl. auch z.B. von $A(7)$ zeigen. Der Beweis bezieht sich dann natürlich nur auf die betreffende Zahl und alle folgenden natürlichen Zahlen.

Beispiel (Induktionsanfang ist notwendig als Teil des Beweisverfahrens)

Behauptung: Für alle $n \in \mathbb{N}$ gilt: $n^2 + n + 1$ ist gerade.

Beweis durch vollständige Induktion: Sei $n^2 + n + 1$ gerade.

Dann gilt:

$(n+1)^2 + (n+1) + 1 = \underline{n^2} + 2n + 1 + \underline{n} + \underline{1} + 1 = (\underbrace{n^2 + n + 1}_{gerade \ nach \ Vor.}) + \underbrace{2 \cdot (n+1)}_{gerade}$

Das heißt also: $(n+1)^2 + (n+1) + 1$ ist gerade. (Schluss $n \Rightarrow n+1$ möglich)
Der „Beweis" ist falsch, da der *Induktionsanfang fehlt*. $A(n): n^2 + n + 1$ liefert weder für $n = 0$, noch für $n = 1$, ja für kein n eine gerade Zahl:
Vielmehr gilt: $n^2 + n + 1 = \underbrace{n \cdot (n+1)}_{Zahl \times Nachfolger \ ist \ gerade} + 1$ ist für alle $n \in \mathbb{N}$ ungerade.

4 Vollständige Induktion

Die bisherigen Beispiele zeigen also, dass für die vollständige Durchführung eines Beweises nach dem Satz von der vollständigen Induktion die beiden Schritte unbedingt notwendig sind.

1. Dass die Induktionsverankerung nicht genügt, haben wir an mehreren Beispielen und in Aufgabe 1 a) gezeigt bzw. erfahren. Selbst mehrere mögliche Induktionsanfänge reichen zum Beweis nicht aus, wenn der Induktionsschluss nicht geführt werden kann bzw. ein Gegenbeispiel gefunden werden kann.

2. Dass auch der Schluss von n auf $n+1$ allein nicht genügt, soll noch an einem weiteren Gegenbeispiel gezeigt werden:

   > **Beispiel**
   >
   > Behauptung: *Jede natürliche Zahl der Form 2n (mit $n \in \mathbb{N}$) ist ungerade.*
   >
   > Obwohl diese Behauptung offensichtlich *falsch* ist, lässt sich der Schluss von n auf $n+1$ durchführen.
   >
   > Ist $2n$ ungerade, so ist auch $2(n+1) = 2n + 2$ ungerade, weil eine ungerade Zahl durch Addition der Zahl 2 sicher in eine ungerade Zahl übergeht.
   >
   > Ein Induktionsanfang lässt sich aber nicht finden.

Aufgabe

3. Beweisen Sie durch vollständige Induktion:
$$n^3 - n \text{ ist für alle } n \in \mathbb{N}^* \text{ teilbar durch 3.}$$

4.3 Beweis von Summenformeln

Summenschreibweise

Zur abkürzenden Schreibweise für Summen benutzt man den großen griechischen Buchstaben Σ (Sigma) und nennt dieses Zeichen **Summenzeichen**. Man schreibt z.B.:

$$\sum_{i=1}^{n} a_i := a_1 + a_2 + a_3 + \ldots + a_n \quad \text{(lies: „Summe über } a_i \text{ für } i \text{ gleich 1 bis } n.\text{")}$$

Der dem Σ beigefügte Zusatz „i gleich 1 bis n" gibt an, dass sich die Summanden der Summe dadurch ergeben, das man den **Summationsindex** i nacheinander mit allen natürlichen Zahlen von 1 bis n belegt.

Beispiel 1

a) $\displaystyle\sum_{i=1}^{n} \frac{1}{i^2} = \frac{1}{1^2} + \frac{1}{2^2} + \frac{1}{3^2} + \frac{1}{4^2} + \frac{1}{5^2} + \ldots + \frac{1}{n^2}$

b) $\displaystyle\sum_{j=3}^{7} (1+j^2) = (1+3^2) + (1+4^2) + (1+5^2) + (1+6^2) + (1+7^2) = 140$

In Beispiel 1 (a) ist i (in Beispiel 1 (b) ist j) eine so genannte **gebundene Variable**; diese kann, da der Wert der Summe nicht von ihr abhängt, durch ein beliebiges anderes Symbol, etwa k (aber nicht durch eine Konstante), ersetzt werden. So ist z.B.:

$$\sum_{i=1}^{n} \frac{1}{i^2} = \sum_{k=1}^{n} \frac{1}{k^2}.$$

Dagegen ist n eine **freie Variable**, für die man beliebige natürliche Zahlen einsetzen kann, wodurch der Term $\displaystyle\sum_{i=1}^{n} \frac{1}{i^2}$ dann eine Zahl liefert.

So erhält man beispielsweise für $n = 2$: $\displaystyle\sum_{i=1}^{2} \frac{1}{i^2} = \frac{1}{1^2} + \frac{1}{2^2} = 1 + \frac{1}{4} = \frac{5}{4}.$

Umgekehrt lassen sich viele Summen mithilfe des Summenzeichens Σ schreiben.

4 Vollständige Induktion

Beispiel 2

a) $3^0 + 3^1 + 3^2 + \ldots + 3^n = \sum_{k=0}^{n} 3^k$

b) $1 \cdot 3 + 2 \cdot 4 + \ldots + n \cdot (n+2) = \sum_{i=1}^{n} i \cdot (i+2)$

Anwendungen

Wir wollen als erstes Anwendungs-Beispiel an Carl Friedrich GAUß anknüpfen, die Summenformel für die ersten n natürlichen Zahlen aufgreifen und beweisen. Unter Verwendung der Summenschreibweise nun gilt die Vermutung:

$$\sum_{k=1}^{n} k = 1 + 2 + 3 + 4 + \ldots + n = \frac{1}{2} \cdot n \cdot (n+1).$$

Beispiel 3

> Beweis der Summenformel für die ersten n Zahlen:
> Für alle $n \in \mathbb{N}^*$ gilt $A(n)$: $\sum_{k=1}^{n} k = \frac{1}{2} \cdot n \cdot (n+1)$.

Schritt 1   Induktionsanfang

Es ist zu zeigen, dass $A(1)$ eine wahre Aussage (w) ist.

Für $n = 1$ gilt: $\sum_{k=1}^{1} k = \frac{1}{2} \cdot 1 \cdot (1+1) = 1$ (w).

Schritt 2   Induktionsschluss von n auf $n+1$

Es ist zu zeigen: Wenn für eine beliebige natürliche Zahl $n \in \mathbb{N}^*$ die Aussage $A(n)$ wahr ist, dann ist auch die Aussage $A(n+1)$ wahr.   Kurz: $A(n) \Rightarrow A(n+1)$

Induktionsvoraussetzung:

Für ein beliebiges $n \in \mathbb{N}^*$ sei $A(n)$ eine wahre Aussage, d.h. es gelte:

$\sum_{k=1}^{n} k = \frac{1}{2} \cdot n \cdot (n+1)$.

Induktionsbehauptung:

Dann ist auch $A(n+1)$ eine wahre Aussage, d.h.

Nachzuweisen ist: $\sum_{k=1}^{n+1} k = \frac{1}{2} \cdot (n+1) \cdot ((n+1)+1) = \frac{1}{2} \cdot (n+1) \cdot (n+2)$.

Beispiel 3 (Fortsetzung)

> Beweis der Summenformel für die ersten n Zahlen:
> Für alle $n \in \mathbb{N}^*$ gilt $A(n)$: $\sum_{k=1}^{n} k = \frac{1}{2} \cdot n \cdot (n+1)$.

Schritt 2   Induktionsschluss von n auf $n+1$

Induktionsbeweis:
Unter Verwendung der Induktionsvoraussetzung gilt:

$$\sum_{k=1}^{n+1} k = \sum_{k=1}^{n} k + \underline{\underline{(n+1)}} \underset{\text{Induktions-voraussetzung}}{=} \frac{1}{2} \cdot n \cdot (n+1) + \underline{\underline{(n+1)}}$$

$$= \frac{1}{2} \cdot n \cdot (n+1) + \frac{1}{2} \cdot 2 \cdot (n+1) = \frac{1}{2} \cdot (n+1) \cdot (n+2) \quad (w).$$

Damit ist gezeigt $A(n) \Rightarrow A(n+1)$.
Aus Schritt 1 und Schritt 2 folgt die Behauptung.

Ähnliche Summenformeln gelten auch für die Quadrate und die dritten Potenzen der ersten natürlichen Zahlen. Da sie im weiteren Verlauf der Oberstufe benötigt werden, sind sie nachstehend zusammengestellt. Die Beweise sollen dem Leser als Übungsaufgaben überlassen werden.

Satz (Summenformeln für Potenzen natürlicher Zahlen bei festem Exponenten)

Für alle $n \in \mathbb{N}^*$ gelten die Summenformeln:

(1) $\quad \sum_{k=1}^{n} k^1 = \frac{1}{2} \cdot n \cdot (n+1)$

(2) $\quad \sum_{k=1}^{n} k^2 = \frac{1}{6} \cdot n \cdot (n+1) \cdot (2n+1)$

(3) $\quad \sum_{k=1}^{n} k^3 = \frac{1}{4} \cdot n^2 \cdot (n+1)^2$

4 Vollständige Induktion

Beweis-Schablone

Beweis der Aussageform:
Für alle $n \in \mathbb{N}(*)$ gilt $A(n)$:

Schritt 1 Induktionsanfang

Es ist zu zeigen, dass $A(n = \_\_)$ eine wahre Aussage (w) ist.

Für $n = \_\_$ gilt:

$$\boxed{} \quad (w).$$

Schritt 2 Induktionsschluss von n auf $n+1$

Es ist zu zeigen: Wenn für eine beliebige natürliche Zahl $n \in \mathbb{N}(^*)$ die Aussage $A(n)$ wahr ist, dann ist auch die Aussage $A(n+1)$ wahr. Kurz: $A(n) \Rightarrow A(n+1)$

Induktionsvoraussetzung:

Für ein beliebiges $n \in \mathbb{N}(*)$ sei $A(n)$ eine wahre Aussage, d.h. es gelte:

$$\boxed{}$$

Induktionsbehauptung:

Dann ist auch $A(n+1)$ eine wahre Aussage, d.h.
Nachzuweisen ist:

$$\boxed{}$$

Induktionsbeweis:

Unter Verwendung der Induktionsvoraussetzung gilt:

$$\boxed{} \quad (w).$$

Damit ist gezeigt $A(n) \Rightarrow A(n+1)$.
Aus Schritt 1 und Schritt 2 folgt die Behauptung.

4 Vollständige Induktion

Aufgaben

4. Beweisen Sie, dass für alle $n \in \mathbb{N}^*$ gilt:

a) $1 \cdot 2 + 2 \cdot 3 + 3 \cdot 4 + \ldots + n \cdot (n+1) = \dfrac{1}{3} \cdot n \cdot (n+1) \cdot (n+2)$

b) $1^2 + 2^2 + 3^2 + \ldots + n^2 = \dfrac{1}{6} \cdot n \cdot (n+1) \cdot (2n+1)$

c) $1^3 + 2^3 + 3^3 + \ldots + n^3 = \dfrac{1}{4} \cdot n^2 \cdot (n+1)^2$

5. Geben Sie eine Formel für die n-gliedrige Summe an und beweisen Sie sie.

a) $1 + 3 + 5 + \ldots + (2n - 1)$

b) $\dfrac{1}{1 \cdot 2} + \dfrac{1}{2 \cdot 3} + \dfrac{1}{3 \cdot 4} + \ldots + \dfrac{1}{n \cdot (n+1)}$

c) $\dfrac{1}{1} + \dfrac{1}{1+2} + \dfrac{1}{1+2+3} + \ldots + \dfrac{1}{1+2+3+\ldots+n}$

4.4 Beweis von Ungleichungen

Mithilfe des Beweisverfahrens der vollständigen Induktion lässt sich auch die Gültigkeit von bestimmten Ungleichungen beweisen.

Beispiel BERNOULLIsche Ungleichung

Für alle $n \in \mathbb{N}^*$ und alle $x \in \mathbb{R}$ mit $x \geq -1$ gilt $A(n)$: $(x+1)^n \geq n \cdot x + 1$

Schritt 1: Induktionsanfang

Der Induktionsanfang beginnt hier bei 1. Es is zu zeigen, dass $A(1)$ eine wahre Aussage ist.
Für $n = 1$ gilt: $(x+1)^1 = x+1$ und $1 \cdot x + 1 = x+1$.
Es liegt hier sogar Gleichheit vor.

Schritt 2: Induktionsschluss von n auf $n+1$

Es ist zu zeigen: Wenn für eine beliebige natürliche Zahl $n \in \mathbb{N}^*$ die Aussage $A(n)$ wahr ist, dann ist auch die Aussage $A(n+1)$ wahr. Kurz: $A(n) \Rightarrow A(n+1)$

Induktionsvoraussetzung:

Für ein beliebiges $n \in \mathbb{N}^*$ sei $A(n)$ eine wahre Aussage, d.h. es gelte:
$$A(n): (x+1)^n \geq n \cdot x + 1$$

Induktionsbehauptung:

Dann ist auch $A(n+1)$ eine wahre Aussage.
Nachzuweisen ist $A(n+1)$: $(x+1)^{n+1} \geq (n+1) \cdot x + 1$

Induktionsbeweis:

Unter Verwendung der Induktionsvoraussetzung gilt:

$$(x+1)^{n+1} = (x+1) \cdot (x+1)^n \underset{\text{Induktionsvoraussetzung}}{\geq} (x+1) \cdot (n \cdot x + 1)$$

$$= n \cdot x^2 + x + n \cdot x + 1 \underset{\text{da } n \cdot x^2 \geq 0}{\geq} x + n \cdot x + 1 = (n+1) \cdot x + 1. \text{ (w)}$$

Damit ist gezeigt $A(n) \Rightarrow A(n+1)$.
Aus Schritt 1 und Schritt 2 folgt die Behauptung.

Aufgabe

6. Ermitteln Sie, für welche natürlichen Zahlen die folgenden Ungleichungen gelten, und beweisen Sie Ihre Vermutung durch vollständige Induktion: a) $2^n > 1 + 2n$ b) $2^n > 1 + n^2$

4.5 Weitere Anwendungen

Ableitungen

Beispiel 1

> Beweis der Ableitungsregel:
> Für alle $n \in \mathbb{N}^*$ und $f_n(x) = x^n$ gilt $A(n)$: $f_n'(x) = n \cdot x^{n-1}$

Schritt 1 Induktionsanfang

Es ist zu zeigen, dass $A(1)$ eine wahre Aussage (w) ist.
Für $n = 1$ gilt: $f_1(x) = x^1 = x \Rightarrow f_1'(x) = 1 \cdot x^{1-1} = x^0 = 1$ (w).

Schritt 2 Induktionsschluss von n auf $n+1$

Es ist zu zeigen: Wenn für eine beliebige natürliche Zahl $n \in \mathbb{N}^*$ die Aussage $A(n)$ wahr ist, dann ist auch die Aussage $A(n + 1)$ wahr. Kurz: $A(n) \Rightarrow A(n + 1)$

Induktionsvoraussetzung:
Für ein beliebiges $n \in \mathbb{N}^*$ sei $A(n)$ eine wahre Aussage, d.h. es gelte:
$$f_n'(x) = n \cdot x^{n-1}.$$

Induktionsbehauptung:
Dann ist auch $A(n + 1)$ eine wahre Aussage, d.h.
Nachzuweisen ist: $f_{n+1}'(x) = (n + 1) \cdot x^{(n+1)-1}$.

Induktionsbeweis:
Unter Verwendung der Induktionsvoraussetzung gilt:
Mit $f_{n+1}(x) = x^{n+1} = x \cdot x^n \Rightarrow f_{n+1}'(x) \underset{\text{Produktregel}}{=} 1 \cdot x^n + x \cdot \underbrace{n \cdot x^{n-1}}_{\text{Induktions-voraussetzung}}$

$f_{n+1}'(x) = x^n + n \cdot x^n = (n + 1) \cdot x^n = (n + 1) \cdot x^{(n+1)-1}$ (w).

Damit ist gezeigt $A(n) \Rightarrow A(n + 1)$.
Aus Schritt 1 und Schritt 2 folgt die Behauptung.

Rechenregeln

Beispiel 2

> Beweis der Logarithmenregel für Potenzen:
> Für alle $n \in \mathbb{N}$ gilt $A(n)$: $\ln(x^n) = n \cdot \ln(x)$

Schritt 1 Induktionsanfang

Es ist zu zeigen, dass $A(0)$ eine wahre Aussage (w) ist.
Für $n = 0$ und $x > 0$ gilt: linke Seite: $\ln(x^0) = \ln(1) = 0$
rechte Seite: $\quad 0 \cdot \ln(x) = 0 \qquad (w)$.

Schritt 2 Induktionsschluss von n auf $n+1$

Es ist zu zeigen: Wenn für eine beliebige natürliche Zahl $n \in \mathbb{N}$ die Aussage $A(n)$ wahr ist, dann ist auch die Aussage $A(n+1)$ wahr. Kurz: $A(n) \Rightarrow A(n+1)$

Induktionsvoraussetzung:
Für ein beliebiges $n \in \mathbb{N}$ sei $A(n)$ eine wahre Aussage, d.h. es gelte:
$$\ln(x^n) = n \cdot \ln(x).$$

Induktionsbehauptung:
Dann ist auch $A(n+1)$ eine wahre Aussage, d.h.
Nachzuweisen ist: $\quad \ln(x^{n+1}) = (n+1) \cdot \ln(x)$.

Induktionsbeweis:
Unter Verwendung der Induktionsvoraussetzung gilt:
$$\ln(x^{n+1}) = \ln(x \cdot x^n) \underset{\substack{\text{Logarithmenregel}\\\text{für Produkte}}}{=} \ln(x) + \underbrace{\ln(x^n)}_{\substack{\text{Induktions-}\\\text{voraussetzung}}} = \ln(x) + n \cdot \ln(x)$$
$$= (n+1) \cdot \ln(x) \qquad (w).$$

Damit ist gezeigt $A(n) \Rightarrow A(n+1)$.
Aus Schritt 1 und Schritt 2 folgt die Behauptung.

Beispiel 3

> Beweis einer Rechenregel für Binomialkoeffizienten:
> Für alle $n \in \mathbb{N}^*$ und $0 \leq k < n$ gilt $A(n)$: $\binom{n}{k} + \binom{n}{k+1} = \binom{n+1}{k+1}$

Beweis auf Seite 180.

Bevor wir diese Regel beweisen, wollen wir die wichtigsten Begriffe und Definitionen zum „Binomialkoeffizienten" noch einmal zusammenstellen.

Binomialkoeffizient $\binom{n}{k} \underbrace{:=}_{\text{Definition}} \dfrac{n!}{k! \cdot (n-k)!}$ mit $n, k \in \mathbb{N}^*$ und $k \leq n$

Der in der Definition auftretende Term $n!$ („n Fakultät") besitzt die folgende explizite Bildungsvorschrift:

$$n! := \begin{cases} 1 \cdot 2 \cdot 3 \cdot \ldots \cdot n & \text{für } n \in \mathbb{N}^* \\ 1 & \text{für } n = 0 \end{cases}$$

Der Binomialkoeffizient gibt an, auf wie viele verschiedene Arten man k Objekte aus einer Menge mit n verschiedenen Objekten auswählen kann (ohne Zurücklegen, ohne Beachtung der Reihenfolge).

Der Binomialkoeffizient ist also die Anzahl der k-elementigen Teilmengen einer n-elementigen Menge.

Wichtige **Rechenregeln** sind:

$\binom{0}{0} := 1$ ❶ $\binom{n}{0} = \binom{n}{n} = 1$ ❷ $\binom{n}{1} = \binom{n}{n-1} = n$ ❸ $\binom{n}{k} = \binom{n}{n-k}$

❹ $\binom{n}{k} + \binom{n}{k+1} = \binom{n+1}{k+1}$

Im **PASCALschen Dreieck** entspricht diese Regel ❹ der folgenden rekursiven Bildungsvorschrift:
Die inneren Zahlen jeder Zeile entstehen, indem die zwei darüber stehenden benachbarten Zahlen addiert werden.

Bildliche Darstellungen auf der nächsten Seite.

4 Vollständige Induktion

Das PASCALsche Dreieck

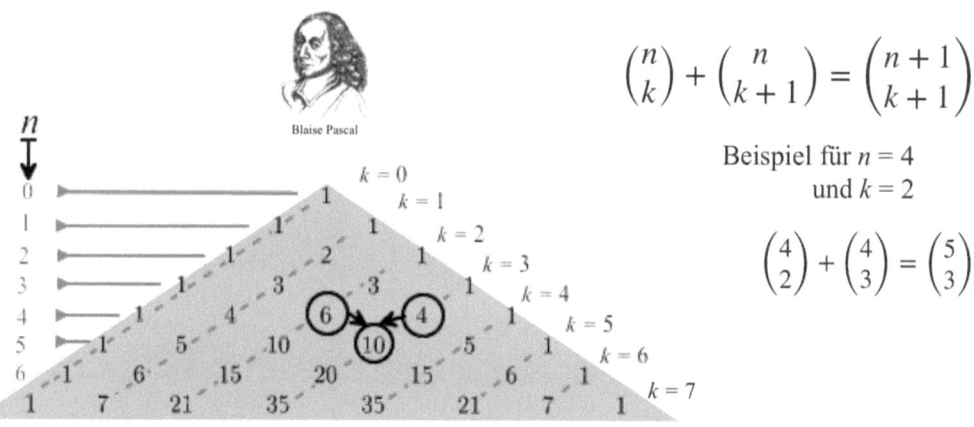

$$\binom{n}{k} + \binom{n}{k+1} = \binom{n+1}{k+1}$$

Beispiel für $n = 4$ und $k = 2$

$$\binom{4}{2} + \binom{4}{3} = \binom{5}{3}$$

Den Koeffizienten $\binom{n}{k}$ findet man in der n-ten Zeile an der k-ten Stelle (beide ab 0 gezählt).

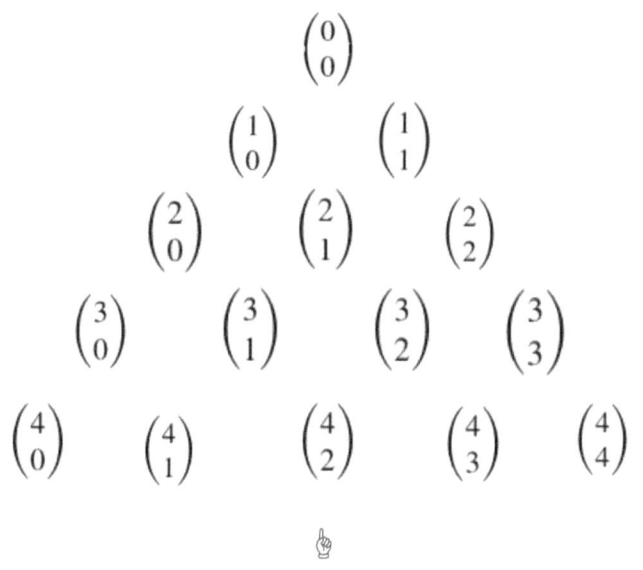

Auf den Binomialkoeffizienten tippen, um den Wert anzuzeigen.
(nur in der digitalen Version verfügbar)

Film 4.1 PASCALsches Dreieck

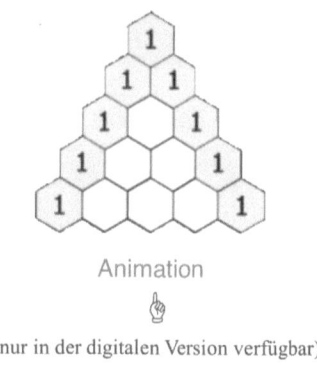

Animation

(nur in der digitalen Version verfügbar)

Zurück zum Beispiel 3:

Beispiel 3

Beweis einer Rechenregel für Binomialkoeffizienten:

Für alle $n \in \mathbb{N}^*$ und $0 \leq k < n$ gilt $A(n)$: $\binom{n}{k} + \binom{n}{k+1} = \binom{n+1}{k+1}$

Schritt 1   Induktionsanfang

Es ist zu zeigen, dass $A(1)$ eine wahre Aussage (w) ist.

Für $n = 1$ und $k < n$, also $k = 0$ gilt: $A(1)$: $\binom{1}{0} + \binom{1}{1} = 1 + 1 = 2 = \binom{2}{1}$ (w).

Schritt 2   Induktionsschluss von n auf $n+1$

Es ist zu zeigen: Wenn für eine beliebige natürliche Zahl $n \in \mathbb{N}^*$ die Aussage $A(n)$ wahr ist, dann ist auch die Aussage $A(n + 1)$ wahr.   Kurz: $A(n) \Rightarrow A(n + 1)$

Induktionsvoraussetzung:

Für ein beliebiges $n \in \mathbb{N}^*$ sei $A(n)$ eine wahre Aussage, d.h. es gelte:

$$\binom{n}{k} + \binom{n}{k+1} = \binom{n+1}{k+1}.$$

Induktionsbehauptung:

Dann ist auch $A(n + 1)$ eine wahre Aussage, d.h.

Nachzuweisen ist: $\binom{n+1}{k} + \binom{n+1}{k+1} = \binom{n+2}{k+1}.$

Induktionsbeweis:

$$\binom{n+1}{k} + \binom{n+1}{k+1} = \frac{(n+1)!}{k! \cdot (n+1-k)!} + \frac{(n+1)!}{(k+1)! \cdot (n-k)!} \quad \text{Brüche auf gleichen Nenner bringen.}$$

$$= \frac{(n+1)! \cdot (k+1)}{(k+1) \cdot k! \cdot (n+1-k)!} + \frac{(n+1)! \cdot (n-k+1)}{(k+1)! \cdot (n-k)! \cdot (n-k+1)}$$

$$= \frac{(n+1)! \cdot (k+1) + (n+1)! \cdot (n-k+1)}{(k+1)! \cdot (n-k+1)!} = \frac{(n+1)! \cdot (\cancel{k+1} + n \cancel{-k} + 1)}{(k+1)! \cdot (n-k+1)!}$$

$$= \frac{(n+1)! \cdot (n+2)}{(k+1)! \cdot (n-k+1)!} = \frac{(n+2)!}{(k+1)! \cdot (n+2-(k+1))!} = \binom{n+2}{k+1} \quad (w).$$

Damit ist gezeigt $A(n) \Rightarrow A(n + 1)$. Aus Schritt 1 und Schritt 2 folgt die Behauptung.

4 Vollständige Induktion

Anmerkung:

Zugegebenermaßen verzichtet man in Beispiel 3 im Allgemeinen auf den kompletten Nachweis der Formel durch vollständige Induktion und belässt es in der Regel dabei, die Formel aus der Definition des Binomialkoeffizienten direkt zu verifizieren.

Aufgaben

7. Beweisen Sie mittels vollständiger Induktion, dass für alle $n \geq 1$ und $f_n(x) = x^{-n}$ gilt: $f_n'(x) = -n \cdot x^{-n-1}$.

8. Zeigen Sie mithilfe des Beweisverfahrens der vollständigen Induktion, dass für alle $n \in \mathbb{N}$, $a, b \in \mathbb{R}$ mit $a \neq 0$ und $f(x) = e^{ax+b}$ die n-te Ableitung von f gegeben ist durch
$$f^{(n)}(x) = a^n \cdot e^{ax+b}.$$

9. Link zu weiteren Aufgaben:

    http://www.emath.de/Referate/induktion-aufgaben-loesungen.pdf

4.6 Abituraufgabenteile

1. (Baden-Württemberg Gymnasium 2004, Wahlteil)

Die Ableitung der Funktion $h_1(x) = \dfrac{1}{x}$; $x \neq 0$ und die Produktregel werden als bekannt vorausgesetzt.

Beweisen Sie mittels vollständiger Induktion, dass für alle natürlichen Zahlen $n \geq 1$ die Funktion h_n mit $h_n(x) = \dfrac{1}{x^n}$; $x \neq 0$ die Ableitung $h_n'(x) = -\dfrac{n}{x^{n+1}}$ hat.

2. (Saarland Gymnasium 1977)

Zeigen Sie durch vollständige Induktion, dass für die n-te Ableitung der Funktion

$$g: \mathbb{R} \to \mathbb{R} \text{ mit } g(x) = \frac{1}{2} x \cdot e^x$$

gilt: $g^{(n)}(x) = \dfrac{1}{2} e^x \cdot (x+n)$.

3. (Saarland Gymnasium 1979)

Beweisen Sie mittels vollständiger Induktion: Für die n-te Ableitung der Funktion

$$f: \mathbb{R} \to \mathbb{R} \text{ mit } f(x) = ax^2 \cdot e^x, \ a \in \mathbb{R}\setminus\{0\}$$

gilt: $f^{(n)}(x) = \left[n(n-1)a + 2nax + ax^2\right] \cdot e^x$.

4. (Saarland Gymnasium 1981)

Zeigen Sie durch vollständige Induktion: Für die n-te Ableitung der Funktion

$$f: \mathbb{R}\setminus\{1\} \to \mathbb{R} \text{ mit } f(x) = \frac{1}{1-x}$$

gilt: $f^{(n)}(x) = \dfrac{n!}{(1-x)^{n+1}}.$

5. (Saarland Gymnasium 1994)

Zeigen Sie mithilfe des Beweisverfahrens der vollständigen Induktion: Für die n-te Ableitung ($n \in \mathbb{N}$) der Funktion

$$f: \mathbb{R} \to \mathbb{R} \text{ mit } f(x) = 4 \cdot (e^x - 1) \cdot e^{-2x}$$

gilt: $f^{(n)}(x) = 4 \cdot (-1)^n \cdot (e^x - 2^n) \cdot e^{-2x}.$

Anlage 1

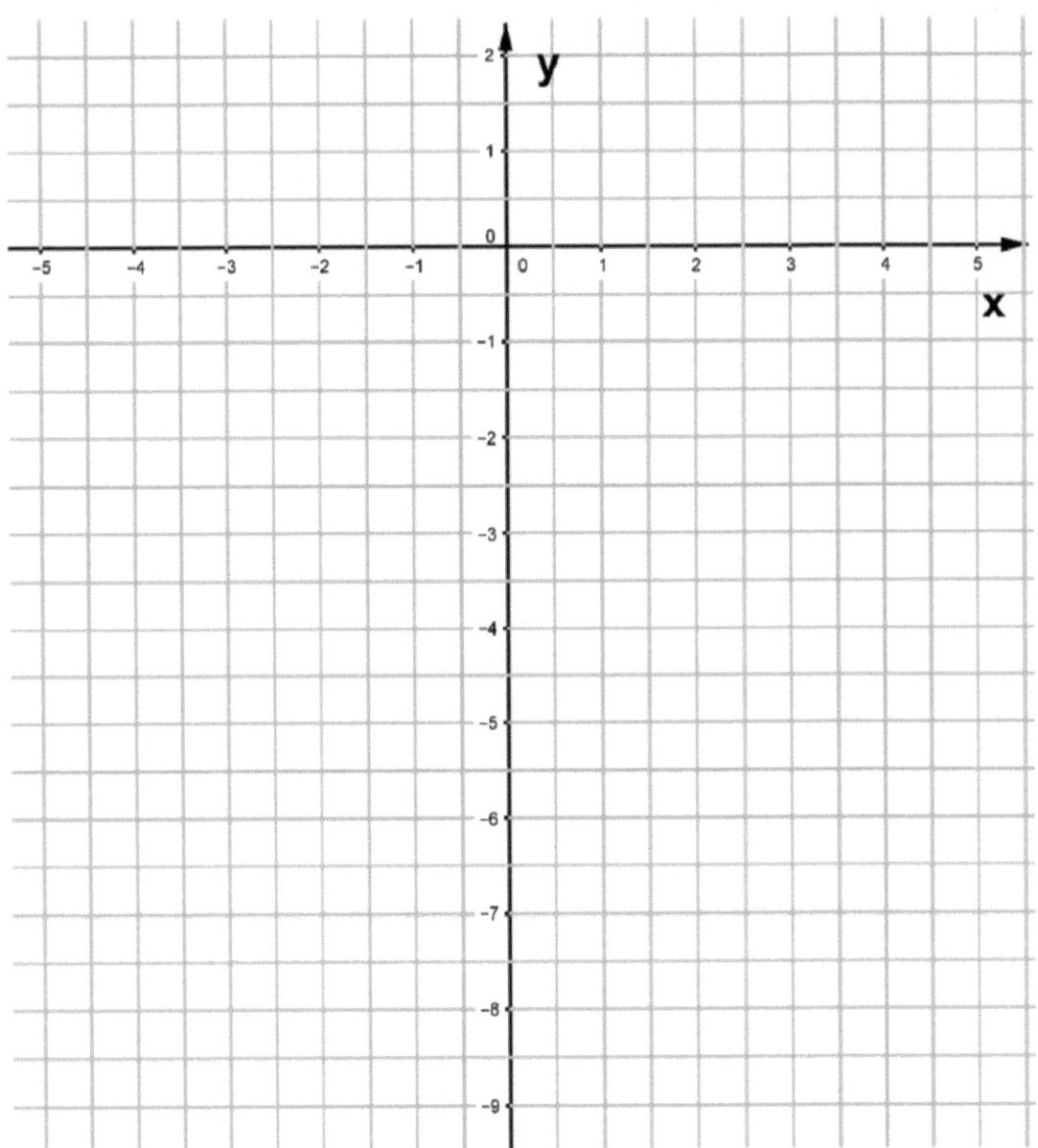

Weitere Bücher (E-Bücher) zu diesem Thema vom selben Autor - verfügbar im iBooks Store
www.apple.com

Abitur 2016 und Applets — On 51 Stores
Abitur und Applets — On 51 Stores
ABITUR 2015 und Applets — On 51 Stores
Merkhilfe — On 51 Stores